TRAVAUX PRÉPARATOIRES

DU

CONGRÈS GÉNÉRAL DU GÉNIE CIVIL

SESSION NATIONALE

(Mars 1918)

SECTION IX

HYGIÈNE

ET

PRÉVOYANCE SOCIALES

Rapports présentés à la Section IX

PARIS

HOTEL DE LA SOCIÉTÉ DES INGÉNIEURS CIVILS

19, rue Blanche, 19

1918

TRAVAUX PRÉPARATOIRES

DU

CONGRÈS GÉNÉRAL DU GÉNIE CIVIL

SESSION NATIONALE

(Mars 1918)

SECTION VI

ÉLECTRICITÉ

Rapports présentés à la Section VI

PARIS

HOTEL DE LA SOCIÉTÉ DES INGÉNIEURS CIVILS

19, rue Blanche, 19

1918

SECTION VI

Président : M. JEAN REY

RAPPORT

de M. Jean REY

SUR

L'UTILISATION DES FORCES NATURELLES

pour la Production de l'Énergie Électrique

Le grand problème de la production de l'énergie électrique à bon marché est un de ceux dont la solution est la plus importante pour le développement industriel et agricole de notre pays.

Les forces naturelles dont nous disposons sont, tout d'abord, les combustibles : charbon, lignite, tourbe et pétrole, et, en second lieu, les forces hydrauliques.

Les autres sources d'énergie auxquelles on peut faire appel ne seront qu'un appoint, tant que de nouvelles découvertes n'auront pas donné le moyen de les utiliser dans des conditions vraiment économiques.

Ces autres sources sont la force du vent, l'énergie des marées et, enfin, la chaleur solaire, utilisées directement dans des appareils de réflexion ou de diffusion. Nous ne citons que pour mémoire ces trois sources d'énergie dont la variabilité impose forcément l'emploi d'accumulateurs, soit électriques comme pour les moulins à vent, soit hydrauliques comme pour la force des marées, soit thermiques comme dans le cas de l'emploi direct des radiations solaires.

Or, chacun sait que les accumulateurs d'énergie sont des outils d'un rendement médiocre et d'un coût de premier établissement fort élevé. Tant que de nouveaux perfectionnements n'auront pas rendu leur emploi plus commode et moins coûteux, il ne saurait être question de compter, d'une manière générale, sur les sources d'énergie pour lesquelles l'emploi d'accumulateurs est une condition indispensable.

Nous nous bornerons donc, dans cette étude, à l'examen des conditions économiques générales qu'il faudrait réaliser pour appliquer plus judicieusement les combustibles et l'énergie hydraulique, à la production de l'électricité.

CHAPITRE PREMIER

COMBUSTIBLES

I

Charbon

Statistique. — La consommation française, avant la guerre, atteignait annuellement 63 millions de tonnes de charbon, dont 40 millions de tonnes environ étaient produites dans nos houillères, et le solde, soit 23 millions de tonnes, charbon et coke, étaient importées pour une valeur d'environ 531 millions de francs.

Les chiffres qui précèdent sont extraits du remarquable rapport de M. Robert Pinot, secrétaire général du Comité des Forges de France, et paru dans le « Bulletin de la Société de l'Industrie minérale », tome II, 1917.

La répartition de la consommation française peut être représentée par le tableau suivant :

Foyers domestiques	11.750.000	tonnes,	soit	18,60 0/0
Métallurgie	11.450.000	»	»	18,10 0/0
Chemins de fer	11.450.000	»	»	18,10 0/0
Mines	4.900.000	»	»	7,75 0/0
Usines à gaz	4.600.000	»	»	7,27 0/0
Marine marchande	1.160.000	»	»	1,67 0/0
Industries diverses	18.000.000	»	»	28,50 0/0
Total......................	63.310.000	tonnes,	soit	99,99 0/0

En examinant les consommations de chacune des branches de l'activité nationale, on constate que le chauffage et la cuisine, c'est-à-dire les foyers domestiques, viennent au second rang de la nomenclature précédente ; à eux seuls, ils consomment autant que la métallurgie ou les chemins de fer. Ces deux derniers chapitres sont à égalité.

Quant aux industries diverses, elles comprennent non seulement les industries qui produisent de la force motrice directement, à l'aide de la vapeur, mais également les stations centrales d'énergie électrique ayant pour force motrice la vapeur. Dans ce chapitre sont également comprises les industries qui utilisent le charbon sous forme de chauffage, comme les industries chimiques et agricoles : sucreries, distilleries, teintureries, etc.

Economies possibles

Examinons maintenant quels seraient les procédés à généraliser pour réduire la consommation de charbon et faire bénéficier le pays d'économies importantes.

Cette considération paraît éloignée de la question qui fait l'objet du présent rapport : l'utilisation des forces naturelles pour la production de l'énergie électrique. En réalité, il n'en est rien. Toute économie de charbon permettra d'acheter moins à l'étranger et de se libérer de tout ou partie du tribut de plus d'un demi milliard de francs (et qui atteindra peut-être un milliard après la guerre) que nous sommes obligés de payer, chaque année, à l'étranger, pour notre consommation intérieure. L'économie permettra de reporter sur d'autres branches telles que la production de l'électricité, les quantités ainsi libérées.

L'industrie électrique, comme toutes les autres, a donc le plus grand intérêt à ce que les procédés les plus parfaits permettent de mieux utiliser le combustible consommé.

Foyers domestiques. — On peut estimer que le charbon consommé dans les foyers domestiques correspond, pour les trois quarts, à la cuisine, et, pour un quart, au chauffage.

Dans les maisons modernes des grandes villes où le chauffage central est appliqué, la proportion est toute autre. L'emploi du gaz permet de réduire au tiers du total la consommation de charbon nécessitée par la cuisine, tandis que la consommation du chauffage est plus forte, toutes proportions gardées et par tête d'habitant, que dans les ménages des classes populaires. Mais, il est bien évident que les classes populaires représentent, à elles seules, beaucoup plus que la moitié de la consommation totale.

La première amélioration à apporter dans les villes ou les lieux habités où il existe une usine à gaz, est de développer l'emploi du gaz par la distillation du combustible. Des essais tout récents ont montré que l'on peut, avec certaines modifications, faire fonctionner les usines à gaz en utilisant des combustibles variés, même pour la production de coke métallurgique. C'est un problème essentiellement thermique. On croyait, au contraire, jusqu'ici, que, pour obtenir du coke de cette nature, il était indispensable de n'employer que certains charbons. Dans ces conditions, rien ne s'oppose à ce que l'on généralise l'emploi du gaz dans tous les ménages puisque, incontestablement, c'est par la distillation qu'on arrive à l'utilisation la plus avantageuse du combustible solide.

Tout progrès dans ce sens constituera un bénéfice pour la masse des consommateurs, en réalisant une économie sensible sur le tonnage employé.

Parmi les autres procédés qui permettent d'économiser le combustible employé à la cuisine : citons l'application de la marmite norvégienne. Cette invention tend à se généraliser. Mais, en ce qui concerne les classes populaires, elle offre un inconvénient : c'est de supprimer le fourneau de cuisine qui ne sert pas seulement, il faut le dire, à la cuisson des aliments, mais également au chauffage de l'habitation. La marmite norvégienne économise au moins 50 0/0 du combustible. L'économie serait beaucoup plus importante s'il ne fallait pas, tout d'abord, allumer le fourneau pour amener les aliments à la température nécessaire et, forcément, perdre ainsi du combustible qui est mal utilisé.

L'emploi du gaz combiné avec la marmite norvégienne réaliserait l'économie maxima, car le gaz comme l'électricité, a l'avantage de ne brûler que pendant le temps nécessaire à l'opération.

Il paraît hors de doute que si l'on pouvait réaliser, sur tout le territoire, l'emploi du gaz et celui de la marmite norvégienne, on réduirait certainement d'un bon tiers, sinon de moitié, le poids de combustible employé dans les foyers domestiques. On peut estimer que, de ce chef, la consommation française de charbon baisserait d'au moins 4 millions de tonnes. Pour le chauffage, il y a de nombreux progrès à faire, non seulement dans les appareils, mais aussi dans la construction des maisons.

Métallurgie. — Les économies de combustible dans la métallurgie ont fait l'objet de nombreux travaux, et l'on est arrivé à des résultats tout à fait remarquables, soit dans la métallurgie du fer, soit dans celle des autres métaux. C'est par l'utilisation des gaz de hauts-fourneaux et par la concentration des fours à coke de distillation et des usines métallurgiques, qu'on arrivera au maximum d'économie qu'il soit possible d'envisager. Mais, dès maintenant, les appareils métallurgiques sont très perfectionnés, et il n'y a pas lieu de compter sur une économie importante.

Bien au contraire, le développement de nos gisements de fer rendrait désirable la possibilité de se procurer du combustible en plus grande quantité, et, par suite, l'opportunité de trouver de nouveaux gisements, ou tout au moins d'acquérir des droits sur des charbonnages situés sur territoire étranger. Là encore, toute économie de charbon effectuée sur l'ensemble permettra d'augmenter le développement de notre métallurgie.

Il est certain que l'issue de la guerre et les conditions du traité de paix avec l'Allemagne auront une importance considérable par les clauses qu'elles introduiront en ce qui concerne notre alimentation en combustible.

Nous renvoyons au rapport précité de M. Pinot, qui a traité cette question avec la plus haute compétence.

Chemins de fer. — Dans les chemins de fer, les économies à réaliser peuvent être considérables. La locomotive, outil mécanique essentiel des voies ferrées, est, malgré tous les perfectionnements réalisés, un gros mangeur de charbon. Il est certain que le principe qui consiste à faire rouler une chaudière avec son foyer, pour l'alimentation d'une machine sans condensation, est un non sens au point de vue thermique. Quelques chiffres suffisent à le démontrer.

Comparons, d'une part, une locomotive moderne des plus perfectionnées, et, d'autre part, la production par le charbon d'une force motrice électrique dans une centrale moderne, pourvue de turbines à vapeur du plus récent modèle. Prenons comme exemple la locomotive du type « Pacific », de la Compagnie P.-L.-M., fonctionnant avec surchauffe, d'une puissance de 2.500 chevaux environ. On arrive, avec cette machine, à produire le cheval-heure de puissance au crochet d'attelage en brûlant 2 k. 22 de charbon. D'autre part, une locomotive électrique à courant monophasé, du type Westinghouse, de la Compagnie du Midi, traînant un train de 280 tonnes, dépense 1.02 kilowatt par cheval-heure au crochet d'attelage. En employant une locomotive plus puissante et sans transformateur, on peut dire, dès maintenant, que la consommation serait inférieure à 1 kilowatt par cheval-heure. D'ailleurs dans une installation moderne de station centrale, avec des groupes électrogènes de 10.000 kilowatts, munis des turbines les plus perfectionnées, il est facile de montrer que le kilowatt-heure peut être produit au tableau de distribution à raison de 0 k. 650 d'un charbon normal, donnant 7.500 calories au kilogramme.

En tablant sur une perte de 20 0/0 pour la transmission et la transformation du courant jusqu'à la locomotive, la consommation au crochet d'attelage serait donc de 0 k. 812, correspondant à 1 cheval au crochet d'attelage, chiffre qu'il faut comparer aux 2 k. 22 de la locomotive « Pacific » prise comme point de comparaison. La réduction dans la consommation de charbon atteint donc 63 0/0 environ.

Il est certain que la moyenne des locomotives employées sur nos réseaux donnent une consommation bien supérieure à celle du type « Pacific » du P.-L.-M. On peut, sans exagération, estimer que cette consommation doit atteindre au minimum 3 kilos de charbon par cheval-heure, au crochet d'attelage.

En partant de ces chiffres, il est facile d'estimer la puissance utile au crochet d'attelage dépensée annuellement sur les chemins de fer français. On trouve ainsi que, pour 11.450.000 tonnes dépensées, à raison de 3 kilos par cheval-heure, la puissance totale sera de 3.800.000.000 de chevaux-heures au crochet d'attelage. C'est celle qu'il faudrait produire, en moyenne, par des centrales électriques se substituant aux locomotives pour faire le même trafic. Ces centrales devraient donc produire annuellement sur les barres du tableau, une puissance d'environ 4.750.000.000 kilowatts-heures, soit, pour une utilisation d'environ 5.000 heures par année, une puissance des machines installées d'environ 1.000.000 de kilowatts. En substituant ainsi la traction électrique à la traction par locomotive, on réaliserait une économie de 7.200.000 tonnes de charbon, qui représenterait, à raison de 30 fr. environ la tonne, 216 millions de francs.

Il va sans dire que ce calcul est purement hypothétique, car il est peu probable que l'on trouve avantage à électrifier toutes les lignes françaises. D'ailleurs, si l'électrification des chemins de fer était décidée on chercherait à produire une partie de l'électricité nécessaire au moyen de la force hydraulique.

Supposons, par exemple, que l'on électrifie, à l'aide de la puissance hydraulique, 40 0/0 de la puissance de nos chemins de fer. Il faudrait, pour cela, disposer de centrales d'une puissance de 400.000 kilowatts. Le surplus étant électrifié par stations centrales au charbon, on arriverait ainsi à une dépense totale annuelle de 2.750.000 tonnes, soit une économie de 8.700.000 tonnes, ou 260 millions de francs par année.

Ces calculs provisoires montrent l'économie considérable qui pourrait être réalisée par l'électrification. Il paraît hors de doute que cette économie de combustible qui ne serait pas, d'ailleurs, la seule, permettrait de gagner au moins une partie du capital consacré à la transformation des chemins de fer. Le charbon ainsi rendu disponible, chaque année, servirait à développer d'autres industries et, notamment toutes les industries thermiques où il ne peut être remplacé encore avantageusement par l'énergie électrique.

Mines. — La consommation de charbon dans les mines atteint 4.900.000 tonnes, soit 12 0/0 environ de la production. Ce résultat est déjà remarquable et il montre que l'économie réalisée par l'emploi d'appareils perfectionnés, tels que les turbines à vapeur et les machines d'extraction modernes, est considérable, sans parler des progrès apportés à la combustion de combustibles de rebut, tels que les charbons mélangés de schiste et le poussier.

Usines à gaz. — L'industrie du gaz consomme annuellement 4.600.000 tonnes de charbon.

Il est certain que, non seulement, il n'y a pas d'économies à faire sur cette consommation, mais qu'il faudrait l'étendre pour transformer en gaz, avec utilisation des sous-produits et fabrication de coke, la plus grande partie du charbon consacré au chauffage domestique et une bonne partie de celui qui est employé à produire de la vapeur de chauffage dans divrses industries.

D'une manière générale, on aura toujours intérêt, au point de vue de l'utilisation totale du combustible, à cette transformation qui est la plus rationnelle. En Allemagne, les besoins de la guerre ont conduit d'importantes collectivités à étudier et à mettre en œuvre la transformation du charbon par distillation, au lieu de l'employer directement dans les foyers.

Quant à réaliser une économie de combustible dans la fabrication même du gaz, on peut estimer que, là aussi, il y a quelques progrès à réaliser, mais ils sont déjà connus et reposent sur l'emploi de fours plus perfectionnés où les gaz de la combustion sont convenablement refroidis avant d'être lancés dans l'atmosphère.

Marine marchande. — La consommation de la Marine marchande a été, malheureusement, bien faible jusqu'ici: elle n'atteint pas 2 0/0 de notre consommation totale! Le charbon employé par nos navires de commerce, trop peu nombreux, hélas! provient presque entièrement des mines anglaises. Là aussi, néanmoins, on peut faire de sérieuses économies en employant, non plus les machines à vapeur à piston et les chaudières ordinaires, mais les turbines à vapeur beaucoup plus économiques, et l'énergie électrique sous forme de générateurs d'électricité, le courant étant employé directement sur l'arbre de l'hélice, dans des moteurs électriques. L'emploi des turbines modernes permet de développer les chaudières avec surchauffeur et de réaliser ainsi une économie supplémentaire.

Les pays scandinaves et l'Angleterre nous ont précédés dans cette voie et de nombreux navires de commerce ont été équipés, même pendant la guerre, en appliquant ces nouveaux systèmes.

Les économies réalisées sur de bonnes machines à piston peuvent atteindre 15 à 20 0/0, et, sur des machines anciennes, 35 et même 40 0/0.

Pour permettre à notre Marine marchande, la lutte économique qui se prépare après la guerre, il est indispensable que nous puissions réaliser sur nos navires la consommation minima de combustible.

Néanmoins, il n'est pas possible d'indiquer, dès maintenant, quelle pourrait être l'économie réalisée, car le but à poursuivre doit être de développer notre navigation, même au prix d'une consommation totale plus grande, le sort de nos exportations étant, comme on le sait, lié d'une manière évidente au développement de notre pavillon à l'étranger.

L'emploi de moteurs à huile lourde pourra rendre également des services; mais, tant que notre sol ne produira pas de pétroles, nous serons, pour ce combustible, dépendants de l'étranger.

Industries diverses. — La consommation la plus importante de combustible est celle de nos diverses industries. Elle atteint, comme on l'a vu plus haut, 18 millions de tonnes par an, soit 28,5 0/0 de la consommation totale.

Quelle est, sur cet ensemble, la proportion consacrée à la production de l'électricité? Il est fort difficile de s'en rendre compte, car aucune statistique complète n'a été faite des usines qui produisent l'électricité à l'aide de la vapeur.

Il résulte des renseignements qui nous ont été fournis par le Syndicat des producteurs et distributeurs d'énergie électrique, par l'Union des Syndicats d'électricité et par la statistique de l'Industrie minérale, que l'on peut estimer la puissance actuelle des usines électriques à vapeur à un minimum de 500.000 kilowatts installés, ce qui correspondrait, pour une marche de 3.000 heures par an et une consommation de 1 k. 5 à 2 kilos de charbon par kilowatt, à une dépense totale de 2.300.000 à 3.000.000 de tonnes de charbon par année.

On voit donc que le charbon consommé dans les autres industries atteindrait 15 millions de tonnes environ.

Il est fort difficile d'estimer l'économie que l'on pourrait réaliser sur cette consommation. Ce que l'on peut dire, c'est que les usines d'électricité ont certainement le matériel le plus perfectionné, et que, s'il y a des économies à faire, c'est surtout dans les autres industries. Il est hors de doute que beaucoup d'usines qui produisent elles-mêmes leur force motrice par la vapeur sont encore munies, en France, de chaudières de modèles surannés et emploient des machines motrices qui sont des gouffres de vapeur.

D'une manière générale, il est toujours préférable, pour la force motrice, de recourir à l'électricité distribuée par un grand réseau, lui-même alimenté par de puissantes stations centrales. Le charbon ne devrait être consacré qu'au chauffage industriel, la force motrice étant produite, soit par les centrales à vapeur, soit par les centrales hydrauliques. L'immense avantage de l'électricité au point de vue de la force motrice, en ne considérant que le côté économique, est la possibilité de proportionner toujours exactement la consommation de puissance à la dépense de force motrice; aucun agent mécanique ne possède une telle souplesse.

Dans les cas où il est impossible à l'industriel de se relier à un réseau de distribution d'électricité, il doit, pour les faibles puissances, recourir au moteur à gaz pauvre, ou au moteur à huile lourde, et, pour les fortes puissances, aux turbines à vapeur les plus perfectionnées.

La statistique des machines à vapeur fait connaître qu'il existait en France, avant la guerre, 1.600.000 chevaux d'appareils à vapeur installés pour les industries diverses, défalcation faite des mines et de la métallurgie qui représentaient environ 1.100.000 chevaux.

Les centrales d'électricité formaient déjà, à elles seules, en 1912, une puissance de 580.000 chevaux ou 430.000 kilowatts, dont 60.000 chevaux ou 44.000 kilowatts étaient situés dans les départements actuellement envahis. Comme l'emploi de l'électricité s'est beaucoup généralisé pour les industries de guerre, on voit qu'en évaluant à 500.000 kilowatts les usines travaillant actuellement sur le territoire français non envahi, on est certainement au-dessous de la vérité.

Si l'on veut maintenant calculer la consommation de charbon des appareils à vapeur des industries diverses, on remarque que pour une puissance installée de 1.600.000 chevaux, la consommation représente les 16/27 de 15.000.000 de tonnes, soit 9 millions de tonnes environ, ce qui, à raison de 1.200 heures de fonctionnement par an, représente, pour 1.600.000 chevaux, une dépense de 4 k. 70 par cheval et par heure.

Cette consommation est fort élevée, car elle correspondrait à un rendement thermique total qui n'atteindrait pas 1.8 0/0. Il y a lieu, néanmoins de remarquer que les appareils à vapeur indiqués dans cette nomenclature ne sont pas tous destinés à la force motrice, mais correspondent également à des distributions de vapeur destinées au chauffage ou à des usages chimiques. En admettant, ce qui est sans doute exagéré, qu'un tiers de la dépense en combustible corresponde à du chauffage industriel, il resterait, pour la force motrice des industries diverses, une consommation de 6.000.000 de tonnes, correspondant à 3 kilos par cheval-heure ou à un rendement de 2,7 0/0, sur laquelle on pourrait certainement faire une économie du tiers ou même de la moitié en remplaçant les appareils à vapeur des vieux modèles par des machines plus récentes, ou en recourant à la distribution électrique. On arriverait ainsi à économiser de 2 à 3 millions de tonnes.

Résumé des économies possibles

On voit que si l'on chiffre les économies de charbon qui pourraient être réalisées sur la consommation nationale, on arrive au tableau suivant :

Foyers domestiques	3 à 4 millions de tonnes
Chemins de fer	7 à 8 millions »
Industries diverses	2 à 3 millions »
Total général..................	12 à 15 millions de tonnes

Il va sans dire que ces chiffres approximatifs supposent l'adoption générale de méthodes perfectionnées, mais ils donnent une idée de l'ordre de grandeur des économies qui seraient possibles dans notre pays.

II

Lignite

La production du lignite sur le territoire français, avant la guerre, atteignait 750.000 tonnes environ par année. Ce chiffre ne représente pas 2 0/0 de la production de charbon. Il est d'ailleurs en rapport avec l'extension des gisements de lignite dont l'importance a été évaluée à 1 milliard 1/2 de tonnes ; tandis que les gisements de houille ont été estimés à 17 milliards de tonnes, jusqu'à une profondeur de 1.800 mètres. Ces existences sont d'ailleurs bien faibles si on les compare aux ressources de l'Allemagne ou de l'Angleterre, car les estimations faites avant la guerre attribuaient à l'Empire allemand 129 milliards de tonnes, jusqu'à une profondeur de 1.500 mètres seulement, et, à l'Angleterre, une centaine de milliards.

L'emploi du lignite, dont le pouvoir calorifique ne dépasse guère 6.500 calories par kilogramme, n'est réellement avantageux que si l'on peut le traiter, comme on le fait en Allemagne, en le comprimant sous forme de boulets, de façon à augmenter son poids spécifique.

En Allemagne, son emploi s'est beaucoup généralisé ; son extraction dépasse actuellement 85 millions de tonnes par année, c'est-à-dire qu'elle est d'un tiers plus élevée que toute la consommation française de combustible.

Malheureusement, la faible étendue de nos gisements ne permet pas de prévoir, pour le lignite, un grand avenir dans notre pays ; ce combustible ne sera jamais qu'un appoint.

III

Tourbe

La tourbe est un combustible dont la puissance calorifique atteint à peine 5.000 calories par kilogramme ; il est donc un peu plus avantageux que le bois. Néanmoins, la tourbe, dont il existe certaines ressources assez importantes en France, pourrait donner des résultats industriels si elle était utilisée d'une manière rationnelle.

La surface des tourbières françaises est d'environ 38.000 hectares, dont 30.000 sont exploités, mais non sous forme intensive. Il est difficile de donner un chiffre en ce qui concerne notre production de tourbe, mais la France importe chaque année environ 25.000 tonnes de tourbe, et il est fort probable qu'il serait possible de nous libérer de cette importation et d'augmenter encore au delà notre production.

L'exploitation de la tourbe, son extraction mécanique et son traitement par séchage et par compression permettent de l'utiliser dans des conditions industrielles, mais il faut pour cela prévoir de grandes usines dont l'armortissement ne peut être obtenu que si la production en vaut la peine.

La tourbe est très employée en Allemagne et en Hollande, et elle est également en voie de progrès en Russie où de grandes centrales électriques, comme celles de Moscou, produisent plus de 30.000 kilowatts de puissance à l'aide de chaudières chauffées à la tourbe.

Toutefois, cet emploi n'est possible que si l'on peut disposer de tourbières représentant une superficie importante et permettant une exploitation rationnelle pendant un grand nombre d'années.

IV

Pétrole

Il n'y a malheureusement que bien peu à dire de l'emploi du pétrole dans notre pays. Jusqu'ici, ce combustible nous vient exclusivement de l'étranger. Toutefois, il est très probable que l'Afrique du Nord et, notamment l'Algérie, renferment du pétrole en quantité importante. Des amorces de puits et de galeries ont permis de reconnaître la présence du pétrole sur bien des points différents, et il paraît probable que si l'Etat se décide à donner les concessions nécessaires en Algérie, nous pouvons arriver à une production nationale déjà d'une certaine importance. Dans nos autres Colonies, aucune prospection n'a été faite sérieusement pour la découverte de gisements de pétrole, mais rien ne dit que des recherches de ce genre n'aboutiraient pas.

CHAPITRE II

FORCES HYDRAULIQUES

I

Création de la force hydraulique

Statistique. — Il résulte de la statistique établie par le Ministère de l'Agriculture, qu'en 1916, la puissance aménagée des usines hydro-électriques était la suivante :

Pour les cours d'eau non navigables ni flottables	1.238.000 chevaux
Pour les cours d'eau navigables et flottables....	218.000 »
Soit au total........................	1.456.000 chevaux

La puissance hydro-électrique en cours d'aménagement atteignait 1.100.000 chevaux, dont 905.000 chevaux environ pour les cours d'eau non navigables ni flottables, et 195,000 chevaux pour les cours d'eau navigables et flottables.

Enfin, la puissance des usines dont la demande de concession est en cours d'étude au ministère des Travaux publics, est d'environ 862.000 chevaux.

On voit donc que, pour l'année 1916, la puissance totale aménagée ou en aménagement, atteint approximativement 2.550.000 chevaux, soit environ 1.800.000 kilowatts disponibles aux bornes des usines.

Ce chiffre est considérable. Lorsque les usines en cours d'aménagement seront achevées la France, déjà au second rang pour la puissance hydraulique utilisée, se rapprochera encore davantage des Etats-Unis, où les conditions naturelles ont permis de donner un grand développement à cette industrie.

Il est à remarquer que plus de 80 0/0 de la puissance aménagée ou en cours d'aménagement se trouve sur les cours d'eau non navigables, le domaine public étant emprunté pour moins de 20 0/0 environ de la puissance utilisée.

Les chiffres que nous venons de citer sont de nature à provoquer l'étonnement de tous ceux de nos compatriotes qui, sous l'influence de la campagne de dénigrement antifrançaise propagée par les Allemands dans le monde entier, se figurent que nous avons beaucoup de leçons à recevoir de l'étranger, aussi bien en ce qui concerne l'aménagement de nos forces naturelles que le développement de nos autres branches d'industrie.

Malgré la mentalité déplorable qui règne en France depuis de longues années, sous l'influence des partis politiques, en ce qui touche l'industrie et le commerce français, il est certain que nos ingénieurs et nos industriels ont réussi, malgré vents et marées, une œuvre grandiose en ce qui concerne l'aménagement et l'utilisation des forces hydrauliques.

Ce n'est donc pas le moment, comme l'ont proposé certaines personnes, de déclarer que l'Etat seul ou les collectivités, telles que communes ou départements, sont susceptibles de développer notre richesse hydraulique et qu'il est urgent d'enlever, à ceux qui ont créé la houille blanche, le bénéfice de leurs efforts que l'on affecte de trouver insuffisants. Sans le développement donné à nos forces hydrauliques, nous n'aurions pu, pendant la guerre, obtenir les explosifs et les métaux qui nous étaient nécessaires. Pour le charbon seulement que nous n'avons pas eu à acheter, la houille blanche nous a économisé, depuis la guerre, plus de 2 milliards de francs.

Il est certain, d'ailleurs, que les puissances motrices déjà utilisées ne sont qu'une fraction de notre actif national. Si nous en croyons l'un des hommes qui ont le plus étudié la question, M. l'Inspecteur général des Pont-et-Chaussées de la Brosse, cité par M. Tavernier (*La Houille blanche*, juillet août 1917), pour l'ensemble du territoire français, la puissance hydraulique correspondant aux débits moyens de nos cours d'eau, pourrait atteindre 9 à 10 millions de chevaux, soit le triple de la puissance moyenne que pourraient fournir les Alpes.

Dans ce total n'est pas comprise, notamment, la force du Rhône dont le cours régularisé par des barrages successifs permettrait de récupérer une puissance énorme.

M. Mähl, l'un des auteurs du grand projet d'aménagement des forces du Haut-Rhône pour leur transport à Paris (barrage de Génissiat) a calculé que la puissance que l'on pourrait récupérer entre Lyon et la mer, sur le cours même du Rhône, atteindrait 4 à 5 milliards de kilowatts-heures pendant l'année. M. de la Brosse estime à 20 milliards de kilowatts-heures l'énergie hydraulique des Alpes françaises, dont à peine le dixième est aménagée.

L'évaluation de la puissance moyenne est, d'ailleurs, très inférieure à celle que l'on pourra réellement retirer des cours d'eau, les industriels étant amenés, peu à peu, dans leurs aménagements, à s'accommoder d'une puissance variable en trouvant avantageux d'utiliser les débits pendant 6 mois, 5 mois et même 3 mois.

Les entreprises de distribution, en généralisant l'aide qu'elles se donnent mutuellement et en employant des usines thermiques de secours consommant du charbon pendant une courte période seulement, arriveraient ainsi à régulariser l'énergie qu'elles livrent à leur clientèle, tout en se rapprochant de l'utilisation maxima des cours d'eau qu'elles exploitent.

De plus, l'établissement de réserves artificielles permettra de corriger les inégalités considérables que présentent certains cours d'eau, entre les débits d'étiage et ceux de crues.

Bien que le développement de l'industrie française ne permette pas de prévoir la suppression de l'emploi de la houille noire, il est certain que nos richesses en forces hydrauliques nous permettront, dans un prochain avenir, de donner à nos industries et à nos transports la force motrice à un prix avantageux qui permettra de compenser l'augmentation du prix du charbon, lequel, même après le retour à l'état normal, aura toujours une tendance à s'élever, à mesure que l'approfondissement des charbonnages et les difficultés de l'exploitation iront en croissant.

Lorsqu'on considère l'avenir, on peut dire que le prix de la force hydraulique se maintiendra constant et même ira en baissant, une fois l'amortissement des frais de premier établissement obtenu; tandis que le prix de la force à vapeur ira toujours en croissant avec le prix du charbon. Il faudrait, pour rétablir l'équilibre, que l'on puisse ultérieurement découvrir des machines à vapeur d'un rendement thermique total notablement supérieur, permettant de compenser le prix plus élevé du combustible.

Capitaux investis dans les installations d'énergie électrique. — On peut évaluer qu'à l'heure actuelle il a été dépensé, dans les installations hydro-électriques, environ 1.200 millions de francs.

Avant la guerre, les prix d'installation du cheval hydraulique, en y comprenant les dynamos, atteignaient 400 à 500 francs par unité. A l'heure actuelle, il faut plus que doubler ces chiffres. Il s'agit, bien entendu, dans la somme ainsi indiquée, de la puissance aménagée. Elle serait donc ainsi revenue, comme moyenne générale, à 800 francs environ.

Pour la puissance en aménagement, il est certain que ce prix unitaire sera notablement dépassé et la raison en est évidente : l'industrie s'est d'abord portée sur les chutes les moins onéreuses à installer, et, ce n'est qu'une fois celles-ci utilisées, qu'elle a passé à d'autres plus difficiles.

En ce qui concerne les centrales à vapeur, on peut estimer que leur prix de revient, avant la guerre, était de 500 à 600 francs par cheval. Pour 600.000 kilowatts existant probablement à l'heure actuelle, la dépense représenterait une somme d'environ 500 millions de francs. Il est plus que probable que ce total a été largement dépassé, lorsqu'on y comprend les centrales en voie d'aménagement ou d'agrandissement, le prix de revient par cheval ayant certainement doublé depuis l'ouverture des hostilités. Il n'est donc pas exagéré de dire que la puissance actuellement aménagée, soit hydraulique, soit à vapeur, représente un capital d'environ 2 milliards.

II

Législation concernant la force hydraulique

FRANCE

Depuis de longues années, les industriels qui se sont donné pour tâche d'aménager les cours d'eau et de créer des forces hydrauliques, notamment ceux qui ont créé les usines hydro-électriques existantes, se plaignent que notre législation ne soit plus en rapport avec les nécessités nationales.

La réglementation admise jusqu'ici est basée sur la distinction entre cours d'eau navigables et flottables et cours d'eau non navigables ni flottables.

Dans les premiers, tout aménagement du cours d'eau dépend de la puissance publique et doit être autorisé ou concédé.

Au contraire, dans les cours d'eau non navigables ni flottables, l'utilisation de la force motrice est un droit des riverains qui peuvent, soit en faire usage, soit le céder à des tiers, étant entendu que l'eau elle-même doit être, après utilisation de sa puissance, rendue au cours d'eau ou à l'agriculture si elle est employée à des irrigations.

Cette distinction essentielle entre la nature des cours d'eau oblige, au point de vue administratif, à la dualité des Services et, comme le dit fort bien l'exposé des motifs du projet de loi qui vient d'être déposé par le Gouvernement concernant les forces hydrauliques, elle est une source de complications, d'inégalités et de difficultés de toute nature.

L'exploitation de l'énergie d'un cours d'eau navigable et flottable ne peut être faite sous le régime de la concession que s'il est réservé à un service public. Une industrie privée ne peut obtenir, sur une rivière domaniale, qu'une autorisation essentiellement précaire et révocable. En fait, une autorisation de ce genre devient perpétuelle, car elle ne peut être retirée que si la conservation du domaine l'impose.

Dans les rivières non domaniales, les difficultés proviennent des riverains qui ont, seuls, la faculté d'utiliser l'eau à son passage. De là, l'origine de spéculations de tout genre concernant les droits de riveraineté et qui, bien des fois, ont été nuisibles à l'intérêt général en empêchant la mise en valeur de l'énergie hydraulique.

Aussi, le Gouvernement, frappé de ces inconvénients et désireux de donner à l'industrie des forces hydrauliques une véritable charte qu'elle ne possède pas, a confié à une Commission extra-parlementaire, présidée par M. Klotz, actuellement Ministre des Finances, l'étude d'un projet de loi tout à fait général. Dans cette Commission siégeaient des membres du Parlement appartenant aux grandes Commissions du Sénat et de la Chambre des Députés, des représentants des diverses Administrations. Travaux publics, Agriculture, Intérieur, Armement, Finances, et des professionnels de l'industrie électrique et de la navigation. Cette Commission, qui s'est réunie au mois de mai 1917, a pu déposer son rapport et le texte même du projet, le 20 juillet 1917.

Nous n'avons pas l'intention de donner ici une analyse complète de ce projet de loi, analyse qu'on trouvera dans l'exposé des motifs, accompagné d'un commentaire détaillé des articles.

Ce projet de loi a tenu compte des observations faites par les industriels intéressés, créateurs de cette branche si importante du travail national, ainsi que des observations formulées par les représentants des diverses administrations de l'Etat.

Nous allons simplement donner une idée générale de ce projet qui a bénéficié également d'autres propositions déposées antérieurement et, notamment, de celle votée par la Chambre des Députés en 1909, et reprise par le Sénat en 1913, sans avoir pu obtenir une approbation définitive.

Le projet de loi nouveau pose le principe général que nul ne peut disposer de l'énergie des cours d'eau sans un acte de la puissance publique. L'Etat intervient dans la concession ou dans l'autorisation d'emploi de cette énergie, comme comme il intervient dans les concessions de mines.

Deux sortes d'entreprises sont prévues : celles qui sont concédée et celles qui sont autorisées. La concession est donnée d'après l'objet principal ou d'après l'importance de l'usine. Ainsi, lorsque l'objet est de fournir de l'énergie à des Services publics ou à des Associations autorisées, il y a concession. Mais, lorsqu'il ne s'agit pas d'un Service public, on n'appliquera le système de la concession que lorsque l'entreprise concerne une usine dont la puissance maxima excède 500 kilowatts. La puissance maxima est naturellement calculée sur le débit et sur la hauteur de chute dont le produit correspond à la puissance brute marima.

D'une manière générale, lorsque la puissance brute maxima n'excède pas 50 kilowatts, même lorsqu'il s'agit d'un service public, il n'y a pas concession, mais seulement autorisation. L'Etat n'a pas voulu intervenir, par des formalités compliquées, dans les petites installations d'éclairage de communes, comme il en existe de très nombreuses en France.

Pour les entreprises concédées, la concession peut être donnée par un décret rendu en Conseil d'Etat, ou par une loi. L'intervention de la loi n'est nécessaire que lorsque la dérivation du cours d'eau produit un détournement d'une longueur de 30 kilomètres et atteint une puissance normale de 50.000 kilowatts. Les mots « puissance normale » correspondent ici à la puissance moyenne. Ce n'est qu'au-dessus de ces chiffres que la concession ne peut être accordée que par une loi.

Des dispositions détaillées permettent aux concessionnaires de vaincre les difficultés que présentent les installations sur des cours d'eau non domaniaux, en raison de l'obstruction faite par les riverains. Les droits des riverains et, notamment, les droits à l'usage de l'eau, sont compensés par de légitimes indemnités fixées, soit par l'acte de concession, soit par les procédures d'expropriation.

Il va sans dire que l'Etat, en retour de concessions dont la durée maximum peut atteindre 75 ans, tient à participer aux bénéfices de l'entreprise par une redevance proportionnelle à la puissance, ou même, dans certains cas, une redevance prise sur les bénéfices nets de l'entreprise.

En fin de concession, les travaux exécutés par le concessionnaire reviennent à l'Etat qui peut lui renouveler sa concession pendant une période de 25 ans, ou donner à nouveau la concession avec droit de préférence, à conditions équivalentes, pour le concessionnaire, ou bien reprendre entièrement l'entreprise.

Une disposition originale du projet de loi et qui est certainement la première de ce genre dans notre droit public, concerne la possibilité, pour le concessionnaire, d'hypothéquer sa concession. Comme cette concession se rapporte au domaine public et que ce dernier, jusqu'ici, n'était pas considéré comme susceptible d'hypothèque, la disposition en question est des plus libérales, car elle apporte une solution à une des grosses difficultés des Sociétés concessionnaires d'énergie hydraulique, qui ne peuvent souvent se procurer leurs capitaux qu'à des taux ontreux, étant donné que de telles entreprises ne peuvent devenir rémunératrices qu'au bout de plusieurs années.

Pour compléter cette heureuse disposition, il conviendrait que l'Etat autorisât par exemple le Crédit Foncier de France à modifier ses statuts de façon à ajouter, parmi les objets pour lesquels il peut faire hypothèque, l'énergie hydraulique des cours d'eau.

Nous croyons savoir que notre grand Etablissement accepterait une semblable disposition qui exigerait d'ailleurs, outre la modification de ses statuts, l'établissement d'une convention entre lui et l'Etat, définissant la forme de pareilles hypothèques et, notamment, la quotité de la puissance qui pourrait ainsi être hypothéquée.

En dehors des entreprise sconcédées, le projet de loi donne les règles qui se rapportent aux entreprises autorisées.

Ces dernières dont l'importance est relativement restreinte et qui ne touchent pas à l'intérêt général, n'ont ni les droits ni les charges que la loi institue pour les entreprises concédées.

D'une manière générale, les entreprises autorisées restent sous la réglementation actuelle. Toutefois, le projet, dans un but d'unification, prévoit, pour la durée des autorisations, un délai maximum de 75 ans, quelle que soit la nature du cours d'eau sur lequel l'entreprise est installée.

Lorsque l'autorisation vient à échéance, l'Etat peut exiger le rétablissement du libre cours des eaux, ou bien l'abandon à son profit, sans indemnité, des ouvrages de barrages et de prise d'eau. L'Etat conserve d'ailleurs le droit d'évincer le permissionnaire avec indemnité, s'il est nécessaire de le faire, pour établir une concession qui utilisera, dans de meilleures conditions, l'énergie hydraulique.

L'un des titres du projet de loi fixe le nouveau régime des entreprises antérieurement autorisées ou concédées.

En ce qui concerne les entreprises autorisées, elles peuvent fonctionner pendant une durée de 75 ans et elles sont assimilées, au bout de cette période, à une concession qui vient à expiration. L'ensemble des immeubles, y compris les machines et les bâtiments qui les abritent, retournent à l'Etat. Toutefois, comme les entreprises autorisées jouissaient, en fait, d'une propriété perpétuelle et que la loi leur substitue une propriété limitée, il est équitable de prévoir une indemnité. Celle-ci est fixée, au maximum, au quart de la valeur vénale, d'après l'estimation qui sera faite des biens au moment du retour à l'Etat.

Une telle disposition, en dehors de l'équité, est justifiée par le fait que le permissionnaire aura intérêt à entretenir en bon état ces ouvrages jusqu'à l'expiration des 75 années de jouissance qui lui sont accordées.

Par contre, aucune indemnité ne sera due pour les ouvrages établis sur le domaine public, lorsque le permissionnaire restera à la tête de son ancienne entreprise.

En général, qu'il s'agisse d'autorisation ou de concession, antérieure ou nouvelle, l'Etat conserve le droit, le cas échéant, de racheter les entreprises pour l'institution d'une nouvelle concession qui utiliserait mieux l'énergie hydraulique. On désire éviter, de cette manière, que des entreprises de faible importance qui barrent les cours d'eau, puissent empêcher l'établissement d'usines beaucoup plus puissantes qui seraient nécessaire.

Une série d'autres dispositions générales complètent ce projet de loi. L'une d'elles assure notamment, aux entreprises hydrauliques, une direction et une surveillance françaises.

En ce qui concerne le transport de la force électrique de notre territoire à l'Etranger, il est interdit sous réserve des traités internationaux. Toutefois, par exception et sur décret rendu en Conseil d'Etat le Gouvernement peut autoriser, pour une durée de 20 ans au maximum, un transport électrique à l'Etranger.

Pour l'organisation administrative, le projet de loi expose que les entreprises d'énergie hydraulique dépendront d'un nouveau sous-secrétariat d'Etat, sous l'autorité du Ministre, Président du Conseil. Cette organisation a pour but de centraliser tout ce qui concerne la force hydraulique et d'accélérer ainsi l'instruction des nouvelles demandes qui, jusqu'ici, dépendaient à la fois du Ministère des Travaux publics et du Ministère de l'Agriculture. Le nouvel organisme sera également chargé du contrôle des usines hydrauliques et de toutes les questions qui les concernent : rachat, déchéance, gestion des usines d'Etat. Il aura à poursuivre l'établissement des plans généraux d'aménagement des eaux, indispensable pour donner à notre domaine hydraulique toute sa valeur.

En résumé, le nouveau projet de loi réalise la plupart des desiderata des indusries qui créent ou utilisent la force hydraulique et il permettra de donner au domaine de la houille blanche le développement qu'exigent impérieusement les besoins industriels du pays.

Notre Congrès doit donc insister, de la manière la plus vive et la plus impérieuse, pour l'adoption de ce projet par les Chambres, et cela le plus rapidement possible. Il n'est plus admissible que notre Industrie, pour ses besoins de force, soit réduite à attendre pendant 10, 12 et même 15 ans, la bonne volonté du Parlement. Le dernier effort fait dans ce but, c'est-à-dire la loi votée à la Chambre des Députés en 1909, et qui a échoué au Sénat en 1913, sans que le texte amendé par la Haute-Assemblée ait pu être soumis à une nouvelle approbation nous a fait perdre déjà plus de 12 années, car ce texte n'était que le résumé de divers projets présentés antérieurement, en 1904 et 1905.

De tels errements doivent être maintenant sévèrement jugés. Il n'est pas possible que les Pouvoirs publics demandent à la collectivité française l'effort financier vraiment énorme qu'exigera la liquidation de la guerre, sans lui donner les moyens légaux de créer l'outillage et la force motrice qui lui sont indispensables pour développer au maximum le travail national.

ÉTRANGER

Nous croyons utile, maintenant, de passer en revue brièvement la législation des forces hydrauliques dans les principaux pays. On pourra comparer ainsi les principes du projet de loi que nous venons d'étudier, avec les idées qui ont cours actuellement à l'Etranger.

Suisse. — La législation suisse était, jusqu'ici, fort compliquée en ce qui touche l'aménagement de la force hydraulique, car les divers cantons ont des droits différents sur les cours d'eau, et dans certains d'entre eux, les droits des particuliers sont prééminents. Lorsque la collectivité est déclarée propriétaire, elle peut exploiter les chutes ou les donner en concession. La concession dépend, en général, du canton qui peut la donner, soit à la Confédération, soit aux Communes. On trouvait, d'ailleurs, toutes les modalités dans le système des concessions qui dépend absolument de la législation de chaque canton.

Récemment, une loi fédérale, en date du 21 décembre 1916, a modifié la législation existante en organisant l'utilisation rationnelle des forces hydrauliques.

Cette loi donne à la Confédération un droit de surveillance sur les forces hydrauliques de tous les cours d'eau. Toutefois, dans les cantons où les dispositions du droit cantonal autorisent les riverains à utiliser la force des cours d'eau, ces dispositions demeurent en vigueur jusqu'à leur abrogation par les cantons.

La nouvelle loi est très détaillée. Elle tient compte des droits acquis et, naturellement, des législations cantonales; elle fixe toutes les conditions d'une concession de force.

Au-dessus de l'intérêt public cantonal, la loi place toujours l'intérêt général du Pays. L'aménagement d'un cours d'eau n'est plus envisagé seulement par sections, au hasard des limites des cantons, mais dans son ensemble.

On peut dire que la nouvelle loi a subordonné à l'Etat fédéral les droits des cantons et des particuliers.

On trouvera une analyse complète de la nouvelle loi suisse dans la *Revue Générale de l'Electricité*, n° du 24 novembre 1917, page 835, par M. Tochon, avocat à la Cour d'Appel de Paris.

Angleterre. — En Angleterre, il n'existe pas de loi codifiée réglementant, d'une manière rigoureuse, les droits sur la force hydraulique. L'ensemble des règles qui fixent les droits des riverains et ceux du public ont été déterminées par des décisions judiciaires formant jurisprudence. En général, les droits sur un cours d'eau dépendent de la propriété du sol que ce cours d'eau traverse. La propriété du lit des cours d'eau navigables soumis au flux et reflux de la marée est dévolue à la Couronne. En amont, le lit appartient aux riverains. Lorsque le cours d'eau est navigable, les riverains n'ont pas le droit de le détourner ou de le diminuer, puisqu'ils mettraient obstacle au droit de navigation du public. Il n'en est pas de même sur les cours d'eau non navigables.

Jusqu'ici, l'Etat anglais n'a pratiquement rien fait pour réglementer l'appropriation des cours d'eau en vue de l'utilisation de la force hydraulique.

Etats-Unis d'Amérique. — Aucune législation générale n'existe aux Etats-Unis; chaque Etat a légiféré pour son compte. D'une manière générale, on peut dire qu'il résulte de la jurisprudence que les droits des riverains sont considérables, mais, qu'à mesure que l'utilisation des forces motrices hydrauliques augmente, ces droits tendent à être limités par l'intérêt général.

Italie. — En Italie, la législation hydraulique comprend la loi du 10 août 1889, complétée par un règlement du 26 novembre 1893. Le code civil italien classe dans le domaine public tous les cours d'eau naturels et les lacs pouvant être utilisés industriellement. Toute dérivation industrielle, quelque soit le but qu'elle se propose, service public ou utilisation privée, fait l'objet d'une concession. La concession est accordée par décret du préfet ou par décret royal, s'il s'agit d'un lac ou d'un cours deau navigable. Pour les concessions d'eau à perpétuité, une loi est nécessaire. Lorsqu'il est question d'une concession que doit donner l'autorité centrale, c'est le Ministre des finances qui promulgue le décret, après avis des Ministères de l'Agriculture, du Commerce et des Travaux publics. Toute concession donne lieu à une redevance annuelle, correspondant à l'usage spécial de la chose publique. La loi en a fixé le montant à 3 fr. par cheval-vapeur nominal. Les concessionnaires souscrivent, d'ailleurs un engagement par lequel cette taxe est susceptible d'être portée jusqu'à 10 fr. Les concessions sont temporaires, avec une durée maximum de 30 ans. Elles sont, toutefois, renouvelables indéfiniment, sauf le cas où le concessionnaire n'aurait pas obtenu un résultat conforme aux engagements qu'il avait pris dans l'acte de concession. Aux terme de la loi l'Administration peut contraindre le concessionnaire à remetire les lieux en état, ou prendre gratuitement possession des ouvrages construits dans le lit de la rivière et sur les rives.

La loi actuelle est fortement critiquée en Italie. Certaines personnes estiment que les forces hydrauliques étant le domaine de la Nation, l'Etat doit être associé, d'une manière plus étroite, à la gestion et au bénéfice des entreprises hydro-électriques. On discute d'ailleurs sur une foule de points de détail, et il est probable que la loi de 1884 sera modifiée dans un prochain avenir.

On ne peut pas prétendre, du reste, que cette loi ait empêché le développement des richesses hydrauliques, car, au moment de la guerre, les concessions accordées représentaient une puissance d'environ 1 million de chevaux.

Norvège. — En Norvège, la législation comprend :

Une loi du 18 septembre 1909, pour l'acquisition et l'exploitation des chutes d'eau, ainsi que la location de l'énergie électrique.

Une loi du 4 août 1911, concernant la régularisation des cours d'eau.

Aucune régularisation d'un cours d'eau aussi bien qu'aucune utilisation de puissance hydraulique, dès qu'elle dépasse une puissance de 1.000 chevaux, ne peut être obtenue que par voie de concession. Les concessions sont données pour une durée de 60 à 80 ans, à l'expiration de laquelle la chute d'eau, le terrain nécessaire à l'aménagement, l'usine génératrice et son matériel reviennent à l'Etat sans compensation. Mais, d'autre part, l'usine d'utilisation reste la propriété de l'exploitant.

Dès qu'il s'agit de l'exploitation d'une chute par une Société ou par des Etrangers, pour une puissance supérieure à 500 chevaux, il faut une concession royale. L'Etat n'impose, comme redevance, qu'une somme de 1 fr. 25 par cheval. Mais, par contre, le concessionnaire est tenu de fournir 5 0/0 de la puissance électrique aménagée à la commune où se trouve situé l'Etablissement, et 5 0/0 à l'Etat, à un prix de revient dont la base est indiquée par la loi. Les droits des propriétaires riverains sont limités par la nouvelle législation. Mais, si l'Etat reprend l'exploitation d'une chute appartenant à un riverain il est tenu de le faire contre une indemnité équitable. L'Etat norvégien a d'ailleurs acquis et exploité des chutes d'eau fort importantes, représentant près de 800.000 chevaux, dont une partie seulement sont aménagées. Il est certain que les besoins si pressants de combustible, pendant la guerre actuelle, conduiront à l'aménagement croissant de la puissance hydraulique en Norvège.

Suède. — En Suède, la législation est assez imprécise. Toutefois, la règle générale est que le riverain est propriétaire du lit. Lorsqu'il veut exploiter une chute, il doit obtenir une autorisation royale analogue à celle que l'Administration donne, en France, pour les cours d'eau non navigables. Il va sans dire que lorsqu'un usinier veut utiliser une chute, il doit indemniser les riverains pour leurs droits.

Malgré ces dispositions du droit suédois, qui ne facilitent pas l'aménagement des chutes, l'Etat suédois a équipé des chutes puissantes représentant actuellement près de 20 0/0 de l'énergie totale hydro-électrique mise en œuvre.

Espagne. — En Espagne, le droit est fort complexe. Il distingue 4 catégories d'eaux :

1°. — Les lacs appartenant à des particuliers et les eaux souterraines.

2°. — Les eaux privées, c'est-à-dire celles qui prennent naissance sur des propriétés privées.

3°. — Les eaux publiques, c'est-à-dire celles qui traversent les terrains appartenant à plusieurs riverains.

4°. — Les eaux du domaine public, coulant sur les terrains dépendent du domaine public.

La loi distingue les rivières et les fleuves. Le lit des premières appartient aux riverains. Le lit des fleuves fait partie du domaine public. Lorsqu'une entreprise veut se créer et qu'elle demande une concession, elle peut réclamer l'expropriation des riverains pour cause d'utilité publique.

Les concessions faites à des Etablissements industriels sont perpétuelles et gratuites, mais le demandeur en concession doit être propriétaire du terrain sur lequel il veut établir son usine.

Comme on le sait, les questions de propriété de terrains sont des plus complexes en Espagne, car les revendications des possesseurs anciens du sol peuvent conduire aux surprises les plus graves.

Les droits des riverains, en ce qui concerne l'irrigation, sont considérés comme ayant une préférence sur toute concession industrielle. Il en résulte que de petites concessions d'irrigations rendent parfois impossible l'établissement d'une grande usine dont l'utilité générale est évidente. Il est assez probable que la législation espagnole, très discutée depuis quelques années, sera modifiée dans le but de faciliter l'utilisation des forces hydrauliques.

Résumé

Il résulte de ce coup d'œil rapide sur les législations étrangères, que les principes généraux varient, pour ainsi dire, avec chaque pays.

Aux Etats-Unis et en Angleterre, la législation est très complexe puisqu'elle repose principalement sur la jurisprudence ; les droits de l'Etat restent des plus vagues.

Dans les autres pays, ces droits sont parfois mal définis ; mais il y a certainement une tendance générale à attribuer la puissance hydraulique à la collectivité, tout en tenant compte, bien entendu, des droits légitimes des riverains.

On peut donc prévoir que, dans un délai pas très éloigné, toutes les législations feront de la puissance hydraulique une richesse nationale ne pouvant être exploitée qu'après autorisation ou concession de l'Etat.

Le projet de loi déposé en France est donc, à ce point de vue général, en accord avec les tendances qui se font jour actuellement dans le monde entier.

CHAPITRE III

DISTRIBUTION DE L'ELECTRICITÉ

I

Réseaux électriques

La distribution de l'électricité est effectuée, en France, par d'immenses réseaux qui couvrent actuellement une grande partie de notre territoire.

Il va sans dire que l'extension des réseaux ira de pair avec la création de la force hydro-électrique. Mais, actuellement, on peut dire que tous les grands centres sont alimentés par des réseaux électriques ainsi que le territoire qui les entoure. Nous ne sommes pas en mesure d'indiquer la longueur des principaux réseaux ni le capital représenté par leur établissement. D'une manière générale, tous ceux qui ne sont pas dans les villes sont aériens et, seuls, les réseaux urbains ou suburbains emploient la voie souterraine, soit sous forme de câbles, soit sous forme de canalisations sur isolateurs.

Au point de vue national, il est de la plus haute importance que l'emploi de l'aluminium qui a déjà donné de bons résultats sur certaines lignes, se généralise dans l'avenir. La France, ne possédant pas de mines de cuivre et ses Colonies, au moins autant qu'on peut en juger actuellement, étant pauvres de ce métal (à l'exception peut-être du Congo) tandis que notre territoire renferme d'entre les plus importantes mines de bauxite du monde, il est évident que nous devons substituer l'aluminium au cuivre, puisque nous ferons bénéficier ainsi notre industrie métallurgique de toute cette clientèle, au lieu d'exporter notre or à l'étranger. Or, le prix de l'aluminium, bien que ce métal ait une résistivité plus grande que le cuivre, permet l'établissement de lignes d'un bon rendement et qui ne sont pas plus onéreuses que les lignes de cuivre.

Signalons, à ce propos, que les recherches statistiques sur nos réseaux seront grandement facilitées par un travail considérable que vient d'entreprendre la Société hydro-technique : la carte des réseaux d'électricité français.

Une Commission spéciale, nommée par cette Société, poursuit cette œuvre d'utilité générale.

II

Entr'aide des réseaux

A mesure que les emplois de l'électricité vont en grandissant, il est indispensable que les réseaux des diverses Sociétés puissent se souder les uns aux autres, dans le but de s'entr'aider mutuellement.

Il ne s'agit pas seulement de parer aux avaries ou aux accidents possibles ; c'est déjà là une œuvre bienfaisante de ne pas arrêter la distribution du courant à une clientèle industrielle ou même agricole. Mais, la question est plus générale. Pour bien utiliser nos forces hydrauliques, il faut, pendant certaines périodes de l'année, que les réseaux voisins possédant des usines à vapeur mieux installées et où le prix de revient est plus bas, puissent aider un réseau dont les forces hydrauliques sont minima au moment de l'étiage.

D'autre part, il ne faut pas perdre de vue que certains cours d'eau de nos montagnes, Alpes ou Pyrénées, ont leur débit maximum précisément quand les cours d'eau d'autres régions sont en basses eaux. C'est ainsi que le Rhône, cours d'eau glaciaire, a son maximum à partir de la fonte des neiges, fin mai ou commencement de juin, jusqu'à la fin d'août ou commencement de septembre. Tandis que, au contraire, les régions des départements jurassiens ainsi que les régions du centre et de l'est, ont, pour la plupart, des cours d'eau dont le débit maximum se produit au printemps ou en automne. La puissance hydraulique des fleuves à régime glaciaire peut donc venir équilibrer celle des cours d'eau ayant un autre régime. Mais, ceci n'est possible, bien entendu, que si les réseaux peuvent s'entr'aider mutuellement.

La question à résoudre est assez complexe, car le courant d'un réseau ne peut passer sur un autre que s'il est de même forme et de même fréquence.

La Société hydro-technique de France qui a longuement étudié la question, consultée par le ministre des Travaux publics au sujet des règles à établir pour unifier autant que possible les réseaux, a répondu au ministre, en date du 16 juin 1907, en proposant, comme nature de courant, le courant triphasé, et, comme fréquence, la fréquence de 50 périodes par seconde, à moins que des applications spéciales (traction) nécessitent une fréquence moindre qui serait alors de 25 périodes par seconde.

La question du voltage a donné lieu à des discussions, soit à la Société hydro-technique et au Comité électro-technique français, soit au Comité permanent d'électricité; une échelle des voltages a été proposée et sera adoptée pour les installations futures. Mais, d'une manière générale, comme les réseaux actuels ne sont pas au même voltage, et que, si l'on aboutit à une unification de voltage, il faudra pour cela bien des années, la solution qui s'impose est de placer à la jonction des réseaux des transformateurs élévateurs ou abaisseurs de tension, qui permettent de changer le voltage du courant pour passer d'un réseau à l'autre. Avec le courant alternatif, les transformateurs sont tous statiques, de construction simple et d'un rendement élevé. Il n'y a donc pas là de difficultés insurmontables.

Pour l'électrification des chemins de fer, il sera d'autant plus facile d'obtenir une unification des réseaux que notre pays est subdivisé en 6 grands réseaux dont les limites sont parfaitement définies.

La jonction et l'entr'aide des réseaux est une question essentiellement d'espèce qui sera résolue par les intéressés eux-mêmes, sans l'intervention de l'Etat ni du législateur. L'intérêt est si évident, aussi bien pour les réseaux avec centrales à vapeur que pour les réseaux hydrauliques, que ce mouvement d'entr'aide déjà commencé ne peut que s'amplifier à mesure que les applications de l'électricité iront en se développant elles-mêmes.

III

Législation concernant les distributions d'électricité

La législation concernant les distributions d'électricité dans notre pays est fixée par la loi fondamentale du 15 juin 1906. Cette loi établit, soit le régime de l'autorisation, soit celui de la concession, soit enfin la concession accompagnée de la déclaration d'utilité publique.

La loi de 1906 a été accompagnée par le décret du 3 avril 1908 qui est, en quelque sorte, la charte pratique des installations. Ce décret indique toutes les formalités à remplir pour obtenir la concession.

Un décret du 17 mai 1908 donne aux communes un modèle de contrat pour les aider dans l'étude des conditions à inscrire dans un acte de concession.

L'ensemble de cette législation est complétée par divers décrets, du 17 octobre 1907 et de septembre 1912, en ce qui concerne les droits fiscaux que l'Etat perçoit sur les concessions de distributions électriques.

Enfin, plus récemment, un règlement d'Administration publique, du 8 octobre 1917, fixe les conditions de l'exploitation en régie des distributions d'énergie électrique, par les communes ou par les Syndicats de communes, et un décret du 30 août 1917 approuve le cahier des charges type applicable à ces distributions.

On peut dire sans exagération que la législation des distributions d'énergie électrique, en France, a donné satisfaction et aux exploitants et au public. Une expérience de plus de 10 années a montré que l'ensemble des dispositions édictées favorise le développement de l'électricité sans nuire au contrôle indispensable de l'Etat. Le Comité permanent d'électricité institué au Ministère des Travaux publics et où siègent, à côté des hauts fonctionnaires des Ministères des Travaux publics et des Postes et des Télégraphes, des personnalités du monde industriel, ainsi que des praticiens, permet de résoudre, au fur et à mesure, toutes les difficultés qui peuvent se présenter dans l'établissement et dans le fonctionnement des installations. La création de ce Comité mixte a rendu les plus grands services et a facilité la solution des questions les plus diverses.

Nous ne pouvons donc que nous élever avec la plus grande vigueur contre les personnes, peu nombreuses d'ailleurs, qui prétendent que la législation actuelle, concernant les distributions d'électricité, est à revoir entièrement dans le sens d'une extension des pouvoirs de l'Etat et même d'une prise de possession, par l'Etat, les départements et les communes, de tous les réseaux d'électricité. Il est absolument certain que, s'il avait fallu compter sur les Pouvoirs publics pour créer, en France, les distributions d'énergie électrique, notre Pays ne posséderait pas le dixième de ce qui existe et que nous serions actuellement une des Nations les plus arriérées, comme nous le sommes pour la télégraphie et de la téléphonie. L'industrie électrique, au contraire, bénéficie d'une législation pratique, convenablement établie, et elle ne formule, à l'heure actuelle, aucun desiderata, à l'encontre de tant de nos industries. Ce fait, si rare dans notre Pays, tient sans doute à ce que l'industrie électrique est plus récente, que la législation à laquelle elle est soumise date de peu d'années, et que, pour l'établir, l'Etat a bien voulu consulter les hommes compétents, ce qui n'est pas souvent le cas pour les autres lois intéressant l'activité économique de notre Pays.

Tout ce que l'on peut demander actuellement aux Pouvoirs publics, c'est d'imposer, pour les installations nouvelles de transport d'électricité, une forme de courant, une fréquence et, éventuellement, un voltage à choisir entre un petit nombre de valeurs établies rationnellement.

RÉSUMÉ GÉNÉRAL ET CONCLUSIONS

Les considérations développées dans le présent rapport ont pour but de préciser les conditions à réaliser pour une meilleure utilisation de nos forces naturelles, en vue de la production de l'énergie électrique dont il y a lieu de généraliser l'emploi dans notre Pays.

Nous avons, tout d'abord, examiné quelles étaient les économies possibles dans l'emploi du combustible minéral.

Nous avons ensuite étudié quel pouvait être le rôle des Pouvoirs publics pour faciliter l'aménagement de nos forces hydrauliques, en tenant compte des efforts déjà réalisés. Nous avons reconnu que la première chose à faire était de donner une législation définitive et réellement moderne à l'industrie des forces hydrauliques.

En dernier lieu, nous avons examiné quels étaient les perfectionnements à apporter aux distributions d'électricité et, notamment, aux réseaux électriques de transport de force.

Pour mieux résumer ces conclusions, nous les avons rédigées sous forme de délibérations dont nous proposons le vote au Congrès du Génie civil, au nom de la Section d'électricité.

PREMIÈRE DÉLIBÉRATION

Les économies à réaliser dans notre consommation nationale de charbon dépendent des mesures à prendre :

1° Pour les usages domestiques;
2° Pour les chemins de fer;
3° Pour les industries diverses.

Le Congrès, dans le but d'économiser le charbon inutilement gaspillé, demande aux Pouvoirs publics et aux industriels l'adoption des mesures suivantes:

1° Pour la consommation domestique :

a) La généralisation de l'emploi du gaz pour la cuisine, ainsi que la transformation graduelle des usines à gaz pour la fabrication des diverses qualités de coke et l'utilisation complète des sous-produits.

b) Dans les écoles primaires, la démonstration aux enfants des avantages de la marmite norvégienne, avec les notions nécessaires pour sa construction et son emploi.

2° Pour les chemins de fer :

a) La mise à l'étude immédiate, par le Ministère des Travaux publics et par les Compagnies de chemins de fer, de la substitution de la traction électrique à la traction à vapeur, l'énergie étant produite, soit par centrales avec turbines à vapeur, soit par usines hydro-électriques.

b) L'adoption du principe de la prolongation des concessions et de la modification de la législation actuelle, dans le but de faciliter aux Compagnies les moyens de se procurer les capitaux nécessaires à cette immense transformation.

3° Pour les industries diverses :

La substitution de la force électrique distribuée par de grands réseaux, à la force produite à domicile, ou, dans le cas où la jonction est impossible, le remplacement des machines à vapeur usuelles :

a) *Pour les faibles puissances*, par des moteurs à gaz pauvre ou des moteurs à huile lourde.

b) *Pour les grandes puissances*, par des turbines à vapeur des modèles les plus perfectionnés.

DEUXIÈME DÉLIBÉRATION

Utilisation des gisements de combustible

Le Congrès constatant que la France ne possède, jusqu'ici, aucun gisement pétrolifère en exploitation, demande aux Pouvoirs publics de concéder, dans le plus bref délai possible, les terrains pétrolifères reconnus en Algérie, dans le but de libérer notre industrie et notre Marine du tribut qu'elles paient à l'Etranger pour se procurer ce précieux combustible.

Le Congrès insiste auprès des Pouvoirs publics pour que les concessions, actuellement demandées, de mines de charbon et de lignite, soient accordées dans le plus bref délai possible, à des conditions qui ne rebutent pas l'épargne nationale, et lui permettent de courir les risques que comportent toujours les entreprises minières.

TROISIÈME DÉLIBÉRATION

Forces hydrauliques

1° Le Congrès, vu la nécessité impérieuse de doter notre Industrie d'une loi générale réglant l'aménagement de nos forces hydro-électriques, demande aux Pouvoirs publics de faire voter d'urgence le projet de loi déposé au Parlement, en juillet 1917, et élaboré par une Commission extra-parlementaire, relatif à l'utilisation des forces hydrauliques.

Le Congrès rappelle au Parlement que cette loi si importante attend, depuis plus de 20 ans, le bon plaisir de nos élus, et que, pour cette branche de notre activité nationale comme pour toutes les autres, la routine et les lenteurs de nos législateurs entraînent les conséquences les plus dommageables pour la prospérité de notre industrie et de nos finances.

2° Le Congrès demande aux Pouvoirs publics d'accorder aux Etablissements de crédit hypothécaires, les autorisations nécessaires pour permettre le prêt sur hypothèque pour les chutes hydrauliques, cette modification étant accompagnée des conventions nécessaires fixant les bases et les modalités de ce genre nouveau veau d'hypothèque.

QUATRIÈME DÉLIBÉRATION

Distribution de l'électricité

1° Le Congrès, constatant l'intérêt national qui s'attache à la jonction et à l'uniformisation de nos réseaux de distribution d'électricité, demande aux Pouvoirs publics de prescrire, pour les transports nouveaux d'énergie électrique, l'emploi du courant triphasé à la fréquence de 50 périodes par seconde, et, dans le cas d'applications spéciales nécessitant une fréquence moindre, celle de 25 périodes.

2° Le Congrès recommande aux concessionnaires de transport d'énergie électrique de limiter, pour les nouvelles installations, le choix du voltage à l'un des taux qui seront indiqués par le Ministère des Travaux publics, et, dans l'avenir, lorsqu'il sera question de remanier un réseau existant en modifiant son voltage, de s'arrêter à l'une des valeurs ainsi déterminées.

3° Le Congrès signale aux exploitants des distributions d'électricité l'intérêt capital qu'il y a, dès maintenant, à étudier et à réaliser toutes les dispositions permettant l'entr'aide des réseaux les uns par les autres.

4° Le Congrès, constatant l'intérêt économique qu'il y a à diminuer l'importation du cuivre consommé par notre industrie électrique, recommande aux concessionnaires des réseaux d'électricité l'emploi de l'aluminium, métal que la France peut produire en quantité illimitée.

SECTION VI

Président : M. JEAN REY

RAPPORT

de M. de FRANCE

SUR

l'ÉLECTRIFICATION des MOYENS de TRANSPORT

L'amélioration des moyens de transports par l'électrification

La section d'électricité, en décidant de rapporter la question de l'amélioration des moyens de transport par l'électrification a eu surtout en vue l'étude économique et financière de ce problème. Aussi, sans renoncer complètement à l'examen des éléments techniques de la traction électrique, je m'efforcerai plutôt d'en faire ressortir ses avantages économiques et de constater leur influence sur les résultats financiers des lignes transformées. Je ne discuterai donc pas de l'application de tel ou tel système, qui a fait l'objet de nombreuses communications dont les plus récentes sont celles de M. Tissot, au Congrès de la Houille Blanche de 1914 et de M. Carlier, dans divers articles du *Génie Civil* de 1915 et de la *Revue Générale d'Electricité* de 1916 et 1917. Je ferai d'ailleurs de larges emprunts à ces communications.

Les transports peuvent se diviser en :

Transports par terre ou voie fluviale à traction animale ;
Transports par voies ferrées ;
Transports par automobiles sur route ;
Transports aériens par câbles ou par avions.

Pour ne pas dépasser les limites de ce rapport, je n'aborderai que l'examen de l'amélioration des transports par voies ferrées d'intérêt général ou d'intérêt local et des transports par voie fluviale ou par canaux.

On ne discute guère l'obligation d'introduire dans ce problème des transports, de nouvelles solutions et de nouvelles méthodes : mais pour s'arrêter à l'une quelconque de celles qui conviennent il paraît utile de mettre en lumière tout d'abord les nécessités d'y apporter des améliorations, puis les avantages d'un système qui nous paraît le meilleur, enfin de comparer les résultats obtenus en France et à l'étranger, ces résultats nous permettant de discerner les moyens à prendre en vue des buts poursuivis.

Lysis, dans la « Démocratie Nouvelle », ayant sommairement décrit le régime d'anarchie parlementaire et de centralisation administrative qui préside à nos destinées, constate qu'il n'a pas été possible au cours de ces trente dernières années d'exécuter un seul des travaux publics importants dont l'urgence est proclamée depuis si longtemps dans les milieux compétents. Ni le canal latéral au Rhône, ajoute-t-il, ni le canal latéral à la Loire, ni le canal du Nord-Est, n'ont été seulement amorcés. C'est en vain que nos régions se sont agitées pendant une interminable série d'années pour exiger l'exécution de ces travaux indispensables à leur développement, elles n'ont pu triompher de l'incompréhension des bureaux, des ministres et des députés. Nos ingénieurs fonctionnaires estimaient nos ports et nos canaux assez développés pour nos besoins; partant de cette conception, ils ramenaient toujours les devis qu'on leur soumettait à de mesquines dimensions.

Cet esprit d'économie, ou, pour mieux dire, de parcimonie, présidait à l'élaboration et à l'exécution de tout projet d'envergure et en réduisait les conséquences heureuses.

Deux questions semblent, après la guerre, devoir dominer le problème économique des transports : le prix des combustibles et des matières, l'élévation du prix de la main-d'œuvre.

Economie de combustibles. — Comme pour relever nos mines et nos industries détruites et créer de la richesse, il nous faudra produire avec intensité et faciliter la circulation des produits, nous serons forcés d'améliorer nos moyens de transport. A quoi sert à l'agriculteur de cultiver plus qu'il n'est nécessaire pour ses besoins personnels et ceux de son entourage ; à l'industriel de construire des machines, au commerçant de conclure des affaires, si chacun d'eux ne peut expédier ou transporter l'un son blé, l'autre ses machines, le troisième ses objets de luxe ?

M. Rey, dans son remarquable rapport si documenté sur l'utilisation des forces hydrauliques, faisait ressortir de quelle utilité devait nous être l'**économie du combustible charbon.** Les chemins de fer en consomment 11.000.000 de tonnes par an. Toute réduction causée par une amélioration des voies, des locomotives, des procédés de traction, d'exploitation et de manutention, mettra à la disposition d'autres industriels des quantités plus grandes et évitera la hausse du prix.

Notre développement industriel et commercial est lié à la production de nos mines et, comme elle est et restera déficitaire longtemps encore, la remise sur pied de nos exploitations houillères dévastées exigeant au minimum cinq ans, nous avons un intérêt de tout premier ordre à rechercher les économies de combustible.

Elles se traduisent par un rendement meilleur des facteurs humain et machine et par l'adoptiton de méthodes nouvelles d'exploitation.

L'augmentation de la production n'est avantageuse que si vous pouvez écouler les produits. Le succès économique de nos ennemis réside dans l'organisation méthodique et rationnelle de leurs chemins de fer et de leurs canaux. Dès 1896, Marcel Schwob, dans son livre « Le Danger allemand », qui fut un cri d'alarme, signalait que l'Etat allemand, maître de ses chemins de fer, les considérait comme un service public, c'est-à-dire faits pour servir le public et qu'il avait été conduit par une étude scientifique et un examen approfondi des courants commerciaux, à résoudre pour le plus grand bien du pays la liaison intime des voies ferrées et des voies navigables. Pour ses canaux, pour l'aménagement du Rhin, de l'Elbe, de l'Oder, l'Allemagne a dépensé, en vingt ans, 356 millions de francs. Il paraît inutile d'insister sur les profits qu'elle en a retiré.

Economie de main-d'œuvre. — La hausse des salaires conduit à rechercher une meilleure utilisation de la main-d'œuvre et à multiplier les opérations mécaniques pour en réduire la quantité. Or, quand sera terminée la guerre, et que nous compterons tous nos morts, nous nous trouverons dans l'obligation de substituer l'organe mécanique à la main-d'œuvre masculine ou féminine partout où faire se pourra.

Economie des tarifs. — Vous connaissez l'histoire des pommes et des betteraves : pour les années où il y avait des pommes il n'y avait pas de matériel roulant pour les betteraves ; pour les années où il n'y en avait pas il manquait encore du matériel roulant pour les mêmes betteraves. Il ne faut pas que ces incidents se reproduisent périodiquement, sauf cas de force majeure. D'autre part, le prix des transports ne doit pas être en disproportion avec le prix de revient des marchandises. Comme celles de première nécessité resteront chères, il importe, pour en faciliter l'acquisition, de ne pas ajouter à leur prix d'achat, un pourcentage élevé de frais de transport ; à l'économie du combustible, à l'économie de la main-d'œuvre devra donc s'ajouter *l'économie des tarifs*.

Mais je me heurte ici à des nécessités financières. Les circonstances qui rendent les échanges et les transports si difficiles sont les mêmes qui en augmentent le prix ; et pour couvrir leurs dépenses, assurer le service de leurs emprunts et un intérêt à leurs actionnaires, les Compagnies sont obligées d'avoir recours à un relèvement des tarifs.

Il est d'ailleurs naturel et équitable que les conditions du transporteur, un commerçant au même titre que tout autre, s'élèvent en proportion de tous les prix des choses sans nuire à la circulation. Si, pourtant, de nouvelles méthodes de traction et d'exploitation pouvaient compenser l'élévation des prix des matières premières et éviter en tout cas que cette ascension des tarifs ne devienne progressive il n'en vaudrait évidemment que mieux.

Toute augmentation non justifiée provoquerait la limitation de la circulation des richesses, partant, nuirait à la prospérité du pays.

L'électrification des voies ferrées d'intérêt général et des voies ferrées d'intérêt local est-elle de nature à répondre aux nécessités urgentes ainsi définies ?

Avantages de la traction électrique.

Si l'on consulte les ingénieurs français ou étrangers qui se sont occupés de la question, surtout ceux qui, en France, se sont trouvés, par leur situation, dans l'obligation de résoudre le problème de la traction électrique substituée à la traction à vapeur ;

Si l'on compulse en outre les différents ouvrages ou rapports où se trouvent résumés les résultats acquis, on constate leur accord pour considérer que la substitution de la traction électrique á la traction à vapeur présente les avantages suivants :

Qu'il s'agisse d'ailleurs d'avantages particuliers à la solution de certains problèmes comme les définissait déjà M. Mazen, dans sa conférence de décembre 1906, à la Société des Ingénieurs Civils, sur la traction électrique appliquée aux chemins de fer, ou d'avantages généraux ou économiques suivant la formule de M. de Valbreuze (ses conférences de mars et mai 1911, à la Société d'Encouragement pour l'Industrie nationale), ou celle de M. Signorel dans son ouvrage de *l'électrification des grandes lignes* les voici résumés :

1° Suppression du bruit ;

2° Suppression des fumées ;

3° Suppression des flammèches et de toutes escarbilles incandescentes, qui conduit à une suppression ou à une réduction des primes d'assurances ayant pour objet de couvrir ce risque ;

4° Propreté plus grande du matériel roulant, durée plus longue de celui-ci et diminution des frais d'entretien et de réparations.

Pour un parcours égal, un compartiment de trains électriques ne fournit que 22 grammes de poussière d'une densité de 0,700 contre 90 grammes de poussière d'une densité de 0,770 pour un compartiment de wagons remorqués par une locomotive à vapeur.

5° Pénétration possible des gares terminus plus au centre des villes ;

6° Accroissement de la capacité de ces gares terminus évitant la construction de voies nouvelles et l'agrandissement de ces gares terminus ;

7° Augmentation possible de cet accroissement de capacité par la création des gares à plusieurs étages. C'est la solution adoptée à New-York. Elle avait été prévue dans le projet primitif de la Compagnie de l'Ouest pour la gare Saint-Lazare ;

8° Possibilité pour la locomotive électrique d'un parcours annuel supérieur à celui d'une locomotive à vapeur, la première étant toujours prête à travailler sur le champ, tandis qu'il faut plusieurs heures pour mettre une locomotive à vapeur sous pression ;

9° Augmentation de la capacité des voies dont le trafic peut être doublé, par la réduction des manœuvres des gares et la plus grande facilité des virages de machines au point terminus ;

10° Pendant la période de stationnement sur les voies de garage ou de dépôt, suppression de la consommation d'énergie par la locomotive électrique, la locomotive à vapeur continuant à brûler du combustible.

En réalité, cette dépense est insignifiante pour la locomotive à vapeur au repos, et peut être comparée aux pertes de courant résultant de défauts d'isolement des lignes ;

11° Emploi, avec la traction électrique, de convois plus fréquents dans lesquels le nombre de places offertes est proportionné à l'affluence des voyageurs ;

12° Possibilité de remorquer de très forts tonnages sans avoir à utiliser des locomotives de plus en plus puissantes, qui pèsent jusqu'à 270 tonnes et brûlent 3.500 kilos de charbon par heure pour une puissance développée de 2.000 chevaux, tandis qu'une locomotive électrique de 2.200 chevaux pèse 85 tonnes et absorbe, toutes autres conditions égales d'ailleurs, l'énergie électrique correspondant à une consommation de charbon à la station centrale de 2.700 kilos environ ;

13° Augmentation de la vitesse des trains de fort tonnage, notamment sur les lignes à profil accidenté. En conséquence, diminution des embarras éprouvés par les Compagnies de chemin de fer à certaines époques de l'année par une augmentation du trafic qui ne correspond pas à l'augmentation moyenne et régulière de celui-ci. Accessoirement, la traction électrique permettant de réaliser des vitesses plus considérables, la location des wagons étrangers diminue pour une même compagnie ;

14° Suppression des pertes de temps dues à l'alimentation en eau ou en charbon des locomotives à vapeur ;

15° Pour une puissance équivalente, plus grande légèreté des locomotives électriques qui peut atteindre jusqu'à 19 0/0 du poids de la locomotive à vapeur ;

16° Dans les locomotives à vapeur qui transportent leur eau et leur charbon et consomment pour ce poids mort un supplément d'énergie, la transformation de l'énergie calorifique en énergie mécanique est plus immédiate.

Dans la locomotive à vapeur le nombre de transformations est plus important et, toujours à conditions égales, entraînera une diminution de rendement pour l'ensemble ; mais, pour le cas de la traction électrique la dépense de combustible est réduite au minimum, l'usine génératrice pouvant brûler du charbon de qualité inférieure et toutes les pertes dues à la mise sous pression au départ, son maintien à chaque arrêt dans les gares et toutes autres pertes inévitables en cours de route se trouvant supprimées ;

17° Dépenses d'entretien et de réparation des locomotives électriques inférieures de 40 0/0 à celles nécessitées par les locomotives à vapeur de puissance équivalente.

Une locomotive électrique ne nécessite pas de grands ateliers de réparation, ni des rotondes, ni des ponts tournants de grande longueur, toutes dispositions qui prennent de la place et grèvent les frais de premier établissement des grandes gares de bifurcation ou de triage.

A la suite d'études comparatives faites sur des locomotives à vapeur et des locomotives électriques du New-York Central, M. Wilgus a conclu aux économies suivantes :

Les frais de réparation seraient réduits de 19 0/0 ;
Les temps d'immobilisation, de 18 0/0 ;
Les frais en service de remorque, de 12 0/0 ;
Les frais en service de ligne, de 27 0/0 ;
Les frais en service de manœuvre, de 21 0/0, tandis que l'augmentation du tonnage kilométrique journalier serait de 25 0/0.

La locomotive électrique, en raison des qualités du moteur électrique, présente encore les avantages suivants sur la locomotive à vapeur : coefficient de traction comparable à celui d'une voiture ordinaire mise en tête d'un train ; ses organes moteurs réduits au minimum et utilisation des locomotives comme wagons de voyageurs.

La locomotive électrique réalise la suppression des réactions oscillatoires et, comme conséquence, fatigue moins la voie de roulement : sa souplesse, en raison de sa suspension sur boggies est beaucoup plus grande ; ses mouvements sont plus doux, sa puissance est sensiblement indépendante de la vitesse et conduit à des modifications des méthodes d'exploitation, notamment sur les lignes à profil très accidenté, en faveur d'une accélération de la marche.

Elle permet d'obtenir des démarrages très rapides et des accélérations qu'il est impossible d'obtenir avec les moteurs mécaniques.

Son entretien est plus économique, un moteur pouvant faire 5.000 kilomètres sans une visite, qu'il faut passer de la locomotive à vapeur après 1.500 kilomètres. M. Armstrong a calculé une économie de temps en faveur de la première, de 18 0/0.

Facilité de manœuvre du moteur électrique qui permet de réduire le personnel à un conducteur ; en fait, cette économie n'existerait pas sur les locomotives électriques en raison des conditions de sécurité, mais serait applicable sur les automotrices où éventuellement le chef de train peut se substituer au mécanicien.

Enfin, avec le moteur électrique, l'adhérence peut être poussée au maximum en calant des moteurs sur les essieux de plusieurs voitures rendues ainsi automotrices. Cette disposition envisagée pour obtenir la puissance nécessaire peut quelqueois dépasser la condition stricte de l'adhérence et expose l'électricien à trop d'adhérence. Mais cette particularité du moteur électrique a favorisé son emploi sur les lignes de montagne avec des rampes de 7 0/0 à 9 0/0; les compagnies exploitantes ont pu adopter des tracés plus hardis, à plus fortes rampes, à faible rayon et la plupart du temps sans addition de la crémaillère. Il en résulte une importante économie des frais de premier établissement de la ligne.

Enfin, d'après des résultas d'essais faits d'une part par Siemens et Halske et d'autre part par l'ingénieur Armstrong, on constate que des voitures électriques franchissent facilement et à des vitesses peu différentes des rampes de 10 à 15 0/0, que l'économie en 0/0 est sensiblement la même, quelle que soit la rampe, mais que l'économie effective est plus grande sur les fortes rampes : au point de vue des frais de premier établissement, une ligne à forte rampe est plus avantageuse qu'une ligne en palier.

Je ferai valoir en dernier lieu que le moteur électrique permet sur les rampes une récupération de l'énergie.

L'énumération des nombreux avantages que présente la traction électrique paraît conduire de suite à cette conclusion qu'il est immédiatement intéressant d'appliquer ce mode de traction à l'ensemble de nos voies ferrées.

Si l'on serre le problème de plus près et si l'on tente de faire ressortir dans chaque cas particulier l'ensemble de ces avantages ou l'un quelconque d'entre eux, on est obligé de renoncer à une conclusion d'ordre aussi général et d'admettre que, pour le moment, la transformation devra se limiter à certains cas, régis par des conditions spéciales de trafic ou des conditions d'ordre général qui correspondent, la plupart du temps, à des économies dans les dépenses de traction et d'exploitation, mais ne permettent pas d'assurer absolument la rémunération des capitaux investis.

Dans des articles parus en 1913, M. Calisch partageait le trafic des voies ferrées en cinq classes. Il distinguait le trafic des voyageurs sur les grandes lignes comportant la grande vitesse, peu d'arrêts et un nombre de trains restreint ; le trafic suburbain et interurbain caractérisé par un grand nombre de trains aux heures des affaires avec des arrêts nombreux et la nécessité, malgré cette sujétion, de faire rouler à grande vitesse les trains directs ; le trafic des lignes métropolitaines urbaines ; le trafic sur les lignes secondaires qui sont les affluents des lignes principales et enfin le trafic des marchandises.

Selon M. Calisch, pour les **lignes principales** dont le trafic est important, mais dont l'exploitation nécessite des trains de grande vitesse avec des arrêts peu fréquents il n'apparaît pas encore que la traction électrique puisse lutter avec avantages contre la traction à vapeur.

Le gain de vitesse qui pourrait être réalisé par l'adoption de locomotives électriques, sans modification des voies, n'est pas assez important et surtout ne correspond pas à une nécessité tellement urgente qu'il soit économique de dépenser de très gros frais de premier établissement dans les installations de voies complémentaires, de canalisations, de sous-stations et des stations centrales.

Pour des lignes **principales relativement courtes** et suffisamment chargées comme trafic, l'accélération plus grande au démarrage, l'augmentation de la vitesse moyenne peuvent, au contraire, se comparer aux résultats obtenus avec l'exploitation par la vapeur. En comptant sur une augmentation du trafic résultant d'une amélioration des moyens de communication, l'électrification peut s'imposer bien qu'économiquement elle ne soit pas encore la meilleure solution.

Dès maintenant, en Angleterre, en France et en Belgique, des études sont en cours pour ces cas particuliers définis, par exemple par les lignes Manchester-Liverpool : 56 kilomètres, Londres-Douvres : 118 kilomètres, Londres-Brighton 77 kilomètres, Bruxelles-Anvers : 44 kilomètres, Bruxelles-Gand : 57 kilomètres, Bruxelles-Namur : 61 kilomètres.

Il n'est pas douteux que le trafic **urbain** des lignes métropolitaines ne doit pas être assuré autrement que par la traction électrique. Le trafic suburbain, qui doit être considéré comme le prolongement du trafic urbain et qui, de plus en plus, en aura les mêmes caractéristiques, doit être résolu de la même manières.

Les projets en cours d'exécution sur les Chemins de fer de l'Etat illustrent ce cas d'une façon particulièrement convaincante.

Pour les lignes **secondaires** ou lignes **d'intérêt local**, le trafic y est à l'heure actuelle et d'une façon générale, si peu important que malgré l'intérêt que peut présenter la solution de la traction électrique, le côté économique fera rejeter cette solution pour toutes les lignes qui existent.

Enfin, pour le **trafic à marchandises**, la question ne peut pas être considérée comme résolue et c'est seulement là où l'intensité du trafic est grande pendant la nuit, alors que pendant le jour le service des voyageurs est chargé et là où la circulation des trains de marchandises est tellement intense que la circulation des trains de voyageurs y est impossible, que la traction électrique s'impose encore.

L'un des principaux avantages de la traction électrique réside dans l'augmentation de vitesse maximum ou de vitesse moyenne provenant d'une mise en vitesse rapide et d'une moindre perte de temps dans les gares terminus ou dans les gares d'arrêt.

M. Mazen signalait dans sa note de 1906 que les accélérations auxquelles on était habitué par le régime de la traction à vapeur variaient, suivant les cas, de 15 à 30 centimètres par seconde, seconde, que l'emploi de la traction électrique avait conduit à des mises en vitesse faites à raison de 50 et même de 60 centimètres par seconde, seconde, de telle sorte qu'en trente secondes un train pouvait atteindre une vitesse de 48 à 63 kilomètrs par heure.

Pratiquement, sur les lignes électrifiées en Angleterre le pourcentage d'accroissement de la vitesse moyenne a varié de 20 à 50 0/0.

Il faut, évidemment, pour obtenir ces accélérations beaucoup plus importantes, une puissance beaucoup plus considérable ; mais on constate alors que, toutes choses égales d'ailleurs, il faut, en prenant l'exemple concret d'un train de 150 tonnes de poids à remorquer en palier, une puissance maximum de 900 chevaux-vapeur environ, réalisable par la traction électrique par l'emploi de plusieurs moteurs calés sur les essieux de deux ou trois voitures, tandis qu'il faudrait adopter une locomotive à vapeur dont le poids total ne serait pas inférieur à 120 tonnes en vue de l'adhérence totale à obtenir pour réaliser les mêmes accélérations et les mêmes vietsses.

On voit tout de suite combien, avec la vapeur, le poids énorme des tracteurs est important par rapport au poids remorqué, et on constate que, par kilomètres de train, cette locomotive consommera 35 kilos de charbon, c'est-à-dire à peu près autant lorsque le poids du train remorqué est de 450 tonnes, mais avec des accélérations de vitesse beaucoup moindres.

Un exemple cité par M. Aspinall et qui remonte déjà à 1909, fait ressortir combien, pour le trafic suburbain, l'exploitation à la vapeur est inférieure à l'exploitation par l'électricité.

Sur la ligne de Liverpool à Southport, la consommation de charbon des locomotives à vapeur s'élève à 22 kg. 500 par train kilomètre d'express ; 28 kilogs par train kilomètre ordinaire, tandis que la consommation de charbon à la station centrale alimentant les trains électriques était réduite à 13 kg. 78.

L'augmentation de la vitesse moyenne des trains entraîne par le fait même l'augmentation de la capacité des voies.

Partout où la traction électrique a remplacé la traction à vapeur, les services d'exploitation ont pu doubler, et quelquefois plus que doubler le service des trains sans avoir à augmenter le nombre des voies ni les aménagements des gares terminus.

C'est, comme je le disais plus haut, ce qui se constate à la gare Saint-Lazare.

C'est ce qui s'est passé sur la ligne de Liverpool-Southport où, malgré l'augmentation du service des trains 2 voies sur 4 ont suffi à assurer le trafic; et également sur les voies du Métropalitan District Railway à Londres où 44 trains électriques par heure ont pu être substitués à un maximu m de 18 trains à vapeur. De pareilles améliorations sont escomptées dans les projets de transformation de la traction sur les lignes de Bruxelles à Anvers et Bruxelles-Gand où les gares sont devenues tout à fait insuffisantes, de même que les quais et le nombre des voies.

Cependant, dans chaque cas, l'accroissement du nombre de voyageurs a dépassé les prévisions les plus optimistes.

Sur la ligne de Paris-Versailles, il a été de 15 à 17 0/0 alors qu'il n'était que de 3 0/0 sur les lignes à vapeur.

Sur la Metropolitan District Railway à Londres, il a augmenté de 71 0/0; sur le Mersey Railway, il a augmenté de 92 0/0.

Quelques résultats d'ordre général, choisis parmi les applications réalisées à l'étranger et en France, confirment les indications précédentes.

ÉTATS-UNIS

Les exemples les plus récents et qui attirent plus spécialement l'attention sont les électrifications.

1° De la ligne Bluefield à Vivian, sur 48 kilomètres de longueur, qui dessert une région de charbonnages ;

2° Celle de Pennsylvania Railroad sur la grande ligne de Philadelphie à Pittsburg entre les villes d'Altona et de Johnstown sur 60 km. 200 de longueur ;

3° Celle du Chicago Milwaukee and Saint-Paul Railway sur une longueur de 708 km. 300 entre Harlowton et Avery.

Les raisons qui ont incité les compagnies à substituer la traction électrique à la traction à vapeur sont dans l'augmentation du trafic et la diminution proportionnelle de certaines dépenses.

I°. Sur la section Bluefield à Vivian, la traction à vapeur se poursuit concurremment avec la traction électrique ; les chargements de charbon qui proviennent des embranchements miniers et des gares avoisinantes sont remorqués électriquement, mais les trains de charbon de lourd tonnage, les trains de marchandises et de voyageurs convoyés sur la zone électrique utilisent les locomotives électriques comme locomotives de refoulement pour franchir la rampe que présente la crête de montagne précédant la gare de Bluefield. Le but, qui était d'accroître la capacité de la ligne par la réduction du temps nécessaire à la manœuvre des trains et d'assurer sur les fortes rampes un service plus économique et d'un meilleur rendement a été atteint. En 1914, le trafic moyen journalier était de 9 trains pesant 2.900 tonnes chacun. Chaque train était remorqué sur la rampe par 3 locomotives à vapeur du type Mallet, munies d'appareils automatiques pour l'alimentation du foyer, et de surchauffeurs ; 20 locomotives étaient nécessaires pour assurer le service, et au total 34 avec les moteurs en réserve et en réparation.

Avec la traction électrique inaugurée en 1915 une seule locomotive de route est nécessaire sauf sur les rampes où l'on attèle une seconde machine de renfort à l'arrière du train.

Avec 9 lomocotives électriques en service et 3 en réserve ou en réparation, la Compagnie a assuré la remorque de 35.000 tonnes par jour au lieu de 26.000 tonnes. Une locomotive électrique remplace en palier 2 locomotives Mallet et sur les rampes 2 locomotives électriques remplacent 3 locomotives Mallet.

Aux avantages directs et aux économies réalisées pour la traction des trains s'ajoute à Bluefield l'utilisation de l'énergie électrique pour le fonctionnement des installations de la région.

II° La section d'Altoona à Johnstown de la Pensylvania Railroad présente de plus grandes rampes et est le siège d'un trafic de marchandises encore plus intense. La ligne est en rampe presque continue de 18,8 pour 1.000 et est parcourue chaque jour par 9.000 wagons de 70 tonnes de charge utile; 60 locomotives électriques dont le coût est estimé à 350.000 francs chaque, permettront d'organiser à 5 minutes d'intervalle des trains lourds de 6.400 tonnes sur une partie de la ligne à 10 pour 1.000 et de 3.800 tonnes sur la rampe de 18,8 pour 1.000 entre Altoona et Johnstown.

III° L'électrification de la longueur de la ligne comprise entre Harlowton Deer Lodge sur le Chicago Milwaukee and Saint-Paul Railway, est un des premiers exemples de la transformation d'une grande ligne ; la distance qui les sépare est de 356 kilomètres ; le nombre de trains dans chaque sens est de 9, et sur une partie du parcours la voie est unique ; mais le tonnage transporté est de 20.000 tonnes. L'exploitation s'est poursuivie durant l'hiver 1915-1916 d'une façon régulière, confirmant les prévisions faites sur l'augmentation de l'activité de la ligne et les économies des dépenses de traction. Les locomotives à courant continu qui font le service rendent 88 0/0 environ.

On constate ainsi qu'en Amérique il se fait une évolution des idées vers l'électrification des grandes lignes. Au congrès de Turin, les ingénieurs américains émettaient des doutes sur les avantages économiques et surtout financiers de l'adoption de ce mode de traction sur les lignes à grande vitesse et à trafic peu intense. Leurs méthodes d'exploitation sont évidemment différentes des nôtres ; leur matériel est prévu pour des formations de trains très lourds, traînés ou remorqués par deux ou trois locomotives; les distances qui séparent les centres industriels sont beaucoup plus grandes que chez nous; les conditions de travail et de sécurité ne sont pas de même ordre, mais il n'en est pas moins intéressant de suivre les résultats techniques et financiers d'une expérience qui se poursuit sur 700 kilomètres de longueur.

M. Carlier, auquel j'ai emprunté nombre des renseignements ci-dessus, considère comme un fait établi que les compagnies américaines se trouvent très bien des électrifications même à longue distance et qu'elles poursuivent dans cette voie. Le New-York New Haven électrifié sur 90 milles depuis 3 ou 4 ans augmente toujours ses branchements : le charbon et la main-d'œuvre augmentent sans cesse de prix, par contre, l'énergie électrique avec les fortes centrales de 150.000 et 200.000 kilowatts diminue de plus en plus.

Le coût d'entretien élevé des locomotives à vapeur, la régularité de l'exploitation pendant l'hiver, la diminution des frais d'immobilisation des locomotives à vapeur, l'économie dans la dépense de puissance motrice, ont été, dans la plupart des cas, les facteurs décisifs en faveur de l'électrification des sections de lignes à profil difficile ou de celles dont il faut augmenter la capacité ou décongestionner certains points. Les Compagnies passent à l'étude, autant dire à la réalisation prochaine de la substitution de la traction électrique à la traction à vapeur sur toutes leurs lignes.

Mais il faut bien reconnaître que l'esprit qui préside en Amérique à l'exploitation des entreprises de transport est différent de celui qui règne en Europe et plus spécialement en France. M. John Fraser, dans son livre fameux de *l'Amérique au travail,* livre de vulgarisation, mais plein d'observations judicieuses, ne craint pas d'écrire que les compagnies américaines sont exploitées industriellement et celles d'Europe administrativement. Les « managers » acceptent les critiques de leurs clients et recherchent continuellement des améliorations et perfectionnements nouveaux soit dans le matériel, soit dans le personnel d'exploitation. Le problème qui sollicite le plus l'esprit de recherche chez les directeurs de compagnies est celui de la réduction de la main-d'œuvre. On n'hésite pas à dépenser un demi-million de dollars si l'on entrevoit pour l'avenir la réalisation d'un million d'économies.

Le personnel sur les voies ferrées américaines est 5 fois moins nombreux par mille exploité que sur les lignes anglaises.

La Compagnie de Chemin de fer qui dessert Chicago a mis au rebut 15.000 wagons presque neufs, simplement pour les remplacer par des wagons d'un tonnage double.

Je ne conseillerai pas à nos compagnies de faire le même geste, mais le problème de la main-d'œuvre ne sera-t-il pas, après la guerre, l'un des plus difficiles à résoudre ? Les salaires augmenteront encore, n'en doutons pas, et que nous disposions de la main-d'œuvre voulue (ce que je ne crois pas) ou non, il sera de toute nécessité d'obtenir un rendement plus élevé par le développement du machinisme et de l'automaticité que l'électricité seule permet d'envisager.

Un ingénieur français d'une de nos plus grandes entreprises métallurgiques ne craignait pas de déclarer au retour d'une mission aux Etats-Unis que la traction électrique y progressait à pas de géant. Pour lui, les premiers résultats d'exploitation prouvent que la traction à vapeur reste généralement plus économique pour les très grands trajets, mais qu'il est déjà avantageux d'électrifier :

1° Tous les environs des grandes villes dans un rayon de 150 kilomètres ;

2° Toutes les sections de lignes à proximité des chutes d'eau ou des centres métallurgiques ;

3° Les lignes de montagnes à grandes pentes et gros trafic.

Cet ingénieur ajoutait que si, en France, les premiers essais d'électrification ne semblaient pas très encourageants, c'est que les lois et les administrations s'y prêtaient peu, une hostilité routinière et générale semblant prévenir le développement de cette application de l'énergie électrique.

Dès le début, les grandes villes américaines avaient rencontré les mêmes résistances de la part des grandes compagnies, mais elles les avaient brisées en exigeant la suppression absolue des fumées sur leur territoire. Ces décisions municipales ont entraîné immédiatement l'électrification des réseaux de chemins de fer dans les cités et leur banlieue et ont été l'une des causes de l'essor magnifique de la traction électrique aux Etats-Unis.

Ce rapide aperçu sur quelques résultats intéressants de l'électrification des voies ferrées américaines de caractéristiques différentes doit être complété toutefois par la réserve que formulait M. Geo Gibbs au Congrès international à Berne. « D'une manière « générale, disait-il, les frais de transformation d'un chemin de « fer à vapeur sont très élevés dans les conditions qui existent aux « Etats-Unis ; si l'on tient compte des modifications qu'il faut

« apporter au matériel et à l'équipement, c'est une opération qui « entraînera quelquefois le doublement de la capitalisation acactuelle. » Et cependant, dès 1908, M. Gibbs constatait que sur le Long-Island Railroad, les frais de traction électrique s'élevaient à 55 cm. 30 par voiture kilomètre au lieu de 88 cm. 83 pour la traction à vapeur, soit un écart de 31 cm. 53 par kilomètre et que sur le West Jersey and Seashore Railroad l'économie était encore en faveur de la traction électrique à raison de 5 cm. 71 par voiture kilomètre malgré les conditions du service qui comprenait des express à long parcours avec peu d'arrêts et présentait pour la traction à vapeur un caractère exceptionnellement économique.

ITALIE

« L'Italie est très fière de ses installations pour la traction élec- « trique et elle a de bonnes raisons pour l'être, soit à cause du « rapide développement de ses lignes, soit parce que c'est sur ses « lignes qu'ont été effectuées les études et les expériences les plus « intéressantes et les plus complètes sur l'application de la trac- « tion électrique aux grands réseaux. »

Ainsi s'exprime M. Bonnefon-Craponne, dans son chapitre de la houille blanche de l'*Italie au Travail.*

Et en effet, la ligne de Milan-Varese-Porto-Ceresio sur laquelle le trafic marchandises et voyageurs est des plus importants était en service dès 1901 ; on y relevait une consommation d'énergie moyenne de 50 watts-heure par tonne kilométrique et une progression continue des recettes malgré une diminution de tarif de 50 0/0.

En 1906, le Gouvernement italien approuvait l'électrification de nombreuses lignes, la plus importante étant celle des Giovi, de Pontedesimo à Busalla près de Gênes, construite pour augmenter la capacité de la ligne qui ne répondait plus aux besoins du port de Gênes. Mais, d'une façon générale, l'application de la traction électrique a été faite sur des lignes de montagnes particulièrement difficiles au point de vue trafic et où les tracteurs à vapeur se montraient complètement insuffisants. L'équipement de la ligne du Mont-Cenis, depuis Modane jusqu'à Bussoleno, a résolu l'augmentation du trafic sur cette voie internationale en évitant la création de nouvelles voies. L'application de la récupération de l'énergie à la descente a contribué au succès de l'exploitation en rendant possible la circulation des trains lourds sur de fortes pentes, ce qui a permis d'augmenter la vitesse des trains de marchandises en descente et de supprimer certains arrêts de sécurité nécessaires avec l'exploitation à vapeur.

Pour l'ensemble des lignes transformées du réseau italien,

l'opinion des ingénieurs est que les résultats ont dépassé toute espérance ; la vitesse des trains a doublé, le trafic également ; tous les ventilateurs en service dans les tunnels ont été supprimés; quand le trafic l'exige, la triple traction est possible ; enfin, la récupération d'énergie n'est pas négligeable et est d'autant plus importante que le trafic est plus intense. Toutes les installations marchant parfaitement en parallèle, l'énergie récupérée sur une ligne est utilisée sur l'une quelconque des autres lignes : ainsi, les consommations spécifiques sont-elles réduites jusqu'à 20 watts-heure par tonne kilométrique ; il en résulte en outre la suppression de l'usure des sabots de freins sur les voies en pente et les bandages des roues de voitures.

SUISSE

Il semblait que la Suisse, dépourvue complètement de charbon, et riche au contraire en réserves de forces hydrauliques devait être la première à la tête du mouvement qui se dessinait en faveur de l'électrification des grandes lignes. Il n'en fût rien puisqu'en 1906 et malgré l'avertissement qu'avait donné en 1900 le professeur Wyssling le *Journal de Genève* pouvait écrire que la Suisse était restée en arrière des pays voisins malgré sa richesse en force hydraulique et le développement de son industrie électrique. Depuis, les travaux de la commission d'études pour la traction électrique des chemins de fer ont fait faire un grand pas vers l'électrification complète du réseau des chemins de fer fédéraux. La ligne Seebach Wettingen en monophasé 15.000 volts a servi de voie d'expériences ; les résultats acquis au point de vue technique ont été satisfaisants. Ceux de la ligne Berne-Loetschberg-Simplon ne sont pas moins concluants, aussi bien pour le parcours entre Spiez et Brigue avec la traversée du Loetschberg que pour celui de Brigue à Domodossola avec la traversée du Simplon.

M. Thormann, dans des essais très méthodiques poursuivis sur de longs trajets accomplis par des trains complets, a pu fixer la relation existante entre le travail théorique à la jante des roues et l'énergie fournie par l'usine, c'est-à-dire le rendement du transport de l'énergie. Il a établi que sur la rampe Sud de 22 à 77 pour 1.000 (Brigue à Goppenstein) pour des poids de trains variant de 205 tonnes à 355 tonnes, le rendement variait de 0,75 à 0,818, la consommation par tonne-kilomètre ne dépassant pas 98 watts-heure. D'autre part, en observant le trafic journalier, ses mesures ont donné pour rendement moyen annuel de 0,66 à 0,68 et pour consommation d'énergie en watts-heure par tonne kilométrique, de 47,4 à 47,7. Le rendement ci-dessus, serait, de l'avis de M. Thormann la limite supérieure possible d'une ligne de traction à voie normale de cette importance. A titre de comparaison, sans rapprochement possible, les conditions d'exploitation étant très différentes, je noterai, d'après M. Tissot que l'énergie consommée en watts-heure par tonne kilométrique sur la ligne Paris-Versailles, est de 30 watts, 2, calculée à la circonférence des roues, de 61,5 mesurée à l'usine, et pour le Métropolitain de Paris, respectivement de 48 w. 5 et de 79 w. 3 : ce qui donne un rendement de 49,1 et de 61,2.

Si l'Administration des Chemins de Fer Fédéraux a été assez longue à prendre un parti, il semble, d'après les indications qu'a données M. Tissot, au Congrès de la Houille blanche de 1914, qu'elle paraît décidée à électrifier complètement certains arrondissements, tels que le Gothard et l'arrondissement II (ancien central suisse avec siège à Bâle). Je ne ferai qu'allusion et d'ailleurs pour les démentir de bonne source, aux bruits récents qui ont couru dans la Presse, de la main-mise de l'A. E. G. sur l'ensemble des forces hydrauliques suisses et de la commande à cette firme de l'électrification des lignes suisses.

Avant de passer à l'exécution de l'électrification de l'ensemble du projet, l'Administration a choisi pour champ d'expérience le tronçon Erstfeld-Bellinzona avec le tunnel du Gothard. Le projet basé sur l'évaluation du trafic probable en 1918 et son accroissement possible jusqu'en 1928, prévoit uniquement des locomotives utilisables pour tous les genres de trains : celles des trains express seront établies pour une puissance de traction de 12.500 kilogrammes ; celles des trains de marchandises pour 10.000 kilogrammes, puissance normale actuelle admise pour les attelages.

Malgré son intérêt, la récupération à la descente a été abandonnée parce que le surcroît de frais de construction des locomotives ne serait pas compensé par l'importance de la récupération d'énergie. L'augmentation prévue du trafic est de 35 0/0 en 1918 et de 70 0/0 en 1928 ; les vitesses de marche identiques en palier avec celles atteintes avec les locomotives à vapeur seront supérieures de 13 à 23 0/0 pour des pentes allant jusqu'à 26 0/00. La commission chargée de l'étude a calculé que pour un maximum de tonnage exigeant une puissance de 19.000 chevaux, la puissance moyenne s'abaissant à 6.550 chevaux, il fallait disposer de 32.000 chevaux aux usines. Le système de courant recommandé par la Commission Suisse est le courant alternatif monophasé à la fréquence de quinze périodes et sous 15.000 volts. Le système monophasé a du reste les préférences de la commission et M. Tissot exprime l'avis que c'est le seul applicable en Suisse, en raison de sa souplesse, des modifications possibles de la vitesse suivant les déclivités et le tonnage des trains et que là où il peut gêner d'autres installations électriques à faible tension, c'est à celles-ci à se transformer ou à se déplacer.

La dépense prévue pour les installations complètes y compris lignes, sous-stations, usines génératrices, matériel roulant, intérêt du capital de construction et divers, est de 385.000.000 de francs. Un calcul de comparaison fait entre le coût du kilomètre-locomotive avec la vapeur ou avec l'électricité conduit aux chiffres ci-dessous.

La traction à vapeur pour le trafic supposé de 1918 coûterait 6.350.000 francs à raison de 1 fr. 27 le kilomètre-locomotive ; la traction électrique seulement 2.883.500 francs, à raison de 0 fr. 73 le kilomètre-locomotive, car le nombre total de kilomètres-locomotive se trouve notablement diminué avec la traction électrique. Mais il faut ajouter à la dépense de traction le coût de l'énergie consommée et du chauffage évalués ensemble à 3.204.400 francs. L'écart est, malgré cela, en faveur de la traction élctrique puisque l'économie réalisée est de 260.000 francs. Si le prix du charbon et de la main-d'œuvre demeurent ce qu'ils sont, la comparaison sera encore plus en faveur de la traction électrique.

BELGIQUE

J'ai fait allusion plus haut aux études qui se poursuivaient sur la transformation du réseau belge.

Le Gouvernement, en effet, a constitué une Commission pour étudier la réorganisation des moyens de transport dans toute la Belgique et, éventuellement, l'électrification du réseau complet.

Ce réseau est d'une grande densité et son produit par train-kilomètre était de 2 fr. 45 pour les trains de voyageurs et de 6 fr. 25 pour les trains de marchandises ; le coût de l'exploitation étant de 2 fr. 10 par train kilométrique de voyageurs et de 3 fr. 60 par train kilométrique de marchandises ; cependant les locomotives ne parcouraient guère que 33 kilomètres par jour en moyenne.

L'électrification complète était envisagé ; les raisons qui plaidaient en sa faveur étant d'ailleurs toujours les mêmes : gares devenues insuffisantes, accroissement de trafic et du nombre des trains obligeant à augmenter le nombre des voies.

Mais le Comité d'Etudes avait en vue également l'économie du charbon car les chemins de fer belges consommaient des agglomérés qui représentaient 75 0/0 du chiffre total des combustibles employés en Belgique, soit plus de 2.000.000 de tonnes correspondant à une dépense de 36.000.000 de francs environ, si l'on compte la tonne de charbon au prix moyen de 18 francs.

Comme l'électrification permettrait de réaliser une économie de 50 0/0 environ, soit à peu près 18.000.000, il ne faut pas s'étonner des tendances de la Commission d'Etudes de chercher à substituer la traction électrique à la traction à vapeur.

Mais là, comme ailleurs, l'étude plus approfondie du trafic conduit aux conclusions suivantes :

La partie du réseau qui paraît se prêter le mieux à l'électrification comporte le nœud autour de Bruxelles et les principales lignes de l'étoile dans un rayon compris entre 60 et 100 kilomètres ;

Il ne paraît pas que l'électrification des lignes faciles présente des avantages marqués touchant l'accroissemennt des capacités du trafic et une réduction des frais d'exploitation ;

Peut-être que sur certaines lignes arrivées à saturation, une légère amélioration pourrait résulter de leur électrification.

D'autre part, l'économie réalisée dans l'exploitation et l'augmentation des recettes paraît devoir rémunérer le capital supplémentaire investi dans l'électrification.

18.000.000 capitalisés à 8 0/0 représentent 225 millions de fr.

Il ne s'agirait, bien entendu, pour le début, que d'appliquer la traction électrique au service des voyageurs, son application au service des marchandises étant reportée à plus tard, suivant les résultats obtenus et la première ligne modifiée serait celle de Bruxelles-Anvers.

Pour donner à ces projets plus de raison d'être par la plus grande économie réalisée sur le prix du courant, un autre comité d'études s'est constitué pour la mise en commun des moyens de production de l'électricité en Belgique. Les initiateurs de ce mouvement proposent d'associer et de relier entre elles toutes les grandes centrales de distributions publiques et industrielles, ce qui aurait pour objet d'obliger en quelque sorte les chemins de fer de l'Etat à s'adresser à la Société Nationale à former pour la fourniture de son courant de traction et de diminuer dans l'ensemble des exploitations les dépenses de premier établissement : il en résulterait une meilleure utilisation des installations existantes, le maximum de réserve et de sécurité.

Les prévisions faites pour l'exécution de deux réseaux souterrains des régions industrielles de Charleroi et de Liége, des deux réseaux d'agglomérations de Bruxelles et d'Anvers et la réunion de ces réseaux par des lignes aériennes de 30 à 40.000 volts conduisent à une dépense totale de 10 à 11 millions de francs entraînant une charge annuelle d'environ 1 million pour la rémunération des capitaux, leur amortissement, les réserves, etc... : les frais d'exploitation seraient de 4 à 500.000 francs.

Un même mouvement d'idées a donné lieu, en Angleterre, à des études de même ordre, qui ont abouti à la conclusion très nette de répartir entre quelques centrales distribuées en des points déterminés du pays le soin de fournir toute l'énergie électrique nécessaire aux besoins de toutes les industries quelles qu'elles soient.

Ces conclusions des comités d'études belge et anglais, ce dernier placé sous l'égide du Board of Trade, ne peuvent manquer d'avoir une influence en France, ainsi d'ailleurs qu'il ressort du rapport d'un de nos collègues, sur lequel je ne veux pas empiéter.

FRANCE

On ne peut pas dire que la France soit restée très en arrière de toutes les autres nations européennes pour l'électrification de ses lignes d'intérêt général ; il ne faut d'ailleurs pas oublier de mentionner que des considérations d'ordre militaire et stratégique ont singulièrement entravé toutes les initiatives qui se sont ou se seraient manifestées dans le sens d'une électrification des voies ferrées.

Les différentes compagnies concessionnaires se sont appliquées à résoudre les cas d'espèces, mais à part la Compagnie du Midi, dont les projets sont assez récents, ces compagnies ne se sont pas montrées très désireuses d'électrifier leurs grandes lignes.

La Compagnie des Chemins de fer de l'Ouest, sur la ligne Paris-Versailles ;

La Compagnie d'Orléans, sur la ligne Paris-Juvisy, ont été les premières à appliquer la traction électrique sur des lignes de banlieue.

La Compagnie P.-L.-M. a réalisé avec succès les installations de la ligne Le Fayet-Chamonix, avec prolongement jusqu'à la frontière suisse.

L'application du courant continu à 2.400 volts sur le chemin de fer de Saint-Georges de Commiers à La Mure, a été une application toute particulière à un service de trains de charbon intensif et pour lequel les locomotives électriques se sont montrées bien supérieures aux locomotives à vapeur.

La Compagnie du Midi avait débuté par les installations de la ligne Villefranche de Conflans à Bourgmadame ; depuis, elle a résolu d'appliquer la traction électrique sur un certain nombre de lignes à voie normale et à voie étroite qui ne desservent plus seulement des points particuliers, mais des villes commerçantes et industrielles comme Tarbes, Arreau, Lannemezan, Montrejeau, Bagnères-de-Bigorre.

Le développement de l'ensemble de ce réseau électrifié sera de 275 kilomètres; le rendement qui a servi de base aux études de la puissance motrice nécessaire a été fixé à 40 0/0. On sait qu'au point de vue du système adopté, la Compagnie du Midi s'est arrêtée au système monophasé déjà adopté pour la traction des Chemins de fer bavarois, et pour la ligne du Gothard par la Commission d'Etudes des Chemins de fer Fédéraux suisses.

La guerre ayant momentanément interrompu les travaux et modifié toutes les conditions de l'exploitation, il n'est pas possible, à l'heure actuelle, de communiquer des résultats qui n'auraient qu'un caractère sommaire et incomplet. Il est seulement permis de dire que, malgré les difficultés rencontrées avec l'Administration des Postes, Télégraphes et Téléphones, la Compagnie a trouvé des avantages dans l'exploitation de ses lignes électrifiées. Pour certaines, elle présente de fortes déclivités où le remorquage des trains lourds est mieux assuré par la locomotive électrique.

Le prix des charbons ayant subi une hausse importante, la Compagnie a réalisé des économies journalières estimées aux environs de 3.000 francs. L'idée principale qui avait guidé l'exécution de ce programme, de favoriser la mise en valeur des forces hydrauliques de la région des Pyrénées, s'est trouvée justifiée par cette circonstance particulière. Mais l'Etat a pris à sa charge les dépenses d'établissement des travaux hydrauliques des usines génératrices et ce serait mal calculer que de ne pas faire entrer en ligne de compte dans les frais d'exploitation la charge des capitaux ainsi prêtés. Cependant, la Compagnie étudie actuellement l'électrification de la ligne Bordeaux-Bayonne-Hendaye et de certains de ses embranchements et il semble qu'à l'heure actuelle la question du système de traction monophasée 3.000 volts, ou continue, reste seule à déterminer.

Les Chemins de fer de l'Etat, en prenant possession des installations de la Compagnie de l'Ouest, avaient révisé entièrement le programme d'électrification de toutes les lignes de banlieue qui comportait une modification importante de la gare Saint-Lazare et prévoyait une dépense de 62.000.000. Le projet des chemins de fer de l'Etat, abandonnant l'organisation de la gare souterraine, prévoyait au contraire la transformation complète du mode d'exploitation de toutes les lignes aboutissant à cette gare dans le périmètre de la petite et de la grande banlieue.

Le programme qui comportait l'électrification de Paris-Auteuil-Champ de Mars, Paris-Versailles Rive droite, de Paris-Issy, de Paris à l'Etang-la-Ville, de Paris à Saint-Germain et de Paris à Argenteuil, avait reçu un commencement d'exécution avant la guerre. Les travaux ont été momentanément suspendus pendant les années 1914-1915, mais ont été repris depuis avec activité et le service est maintenant assuré sur la section Paris-Saint-Germain.

Il n'est pas douteux que les résultats de cette électrification soient satisfaisants puisque le problème est de ceux qui ne comportent d'autre solution que la traction électrique. Les travaux d'installation se poursuivent et peu à peu toutes les lignes prévues seront mises en service ; mais si l'on se basait sur cet antécédent pour étendre sans autres considérations l'électrification à un périmètre supérieur à 25 kilomètres ou à certaines grandes lignes en apparence chargées, on risquerait de commettre une grave erreur.

Ici encore l'avis très net est que la grande périodicité des convois, la grande affluence du public, certaines conditions particulières, commandent ces transformations aussi radicales mais entraînent des dépenses extrêmement importantes. L'expérience acquise permettait seulement de conclure qu'il y a lieu d'étudier et de réaliser dans un avenir plus ou moins immédiat, l'électrification des banlieues de certaines villes comme Lille, Lyon, peut-être Marseille et Bordeaux, mais non qu'il faut substituer la traction électrique à la traction à vapeur sur des lignes comme Paris-Calais, Paris-Lille ou même Paris-Lyon-Marseille, dont le trafic est des plus intenses.

L'idée de transformer certaines lignes transversales, certaines voies d'intérêt local ou de communication entre les grands réseaux paraît alors naturelle ; le trafic en apparaît de suite comme insuffisant pour gager les capitaux nécessités par l'équipement des lignes, du matériel roulant et des sous-stations de transformation. Une solution peut-être élégante de ces problèmes locaux résidera dans une application de la locomotive Petroleo électrique qui présente la particularité de ne pas dépendre d'une ligne qui se sectionne facilement ou d'une sous-station qui peut suspendre son service.

L'exemple des Américains dont les idées, comme nous l'avons montré, ont complètement évolué, puisqu'ils se disaient en 1912 absolument hostiles à l'électrification des lignes à longue distance et de faible trafic, est de nature à susciter quelques objections aux opinions exprimées ci-dessus ; mais n'oublions pas que leurs méthodes d'exploitation diffèrent totalement des nôtres et que les solutions qui peuvent satisfaire leur besoin de faire grand ne peuvent pas du tout concorder avec celles qui conviennent à nos trafics plus réduits, dont la courbe s'élève progressivement, sans soubresauts, et pas assez vite pour justifier l'immobilisation de capitaux importants. Cependant, certains de nos ingénieurs estiment que les Compagnies françaises devront entrer peu à peu dans la même voie que les Américains, particulièrement dans le but d'économiser du charbon et en créant un débouché important aux centrales hydrauliques et même aux centrales thermiques qui se multiplient sur tout le territoire français et exploitent dans des conditions économiques si avantageuses que le courant pourrait être fourni aux chemins de fer à des conditions fort intéressantes.

M. Parodi, dans un article de la *Lumière Electrique*, signalait que, suivant les statistiques de France et d'Allemagne, la consommation globale moyenne de charbon par 100 tonnes kilométriques remorquées par une locomotive à vapeur, est d'environ 7 kg. de charbon ; avec la traction électrique, la consommation d'énergie aux tableaux des centrales par 100 tonnes kilométriques remorquées peut être estimée à 4 kilowatts-heure. On obtiendra donc l'équivalence entre les dépenses du courant dans la traction électrique, et le combustible dans la traction à vapeur si l'on arrive à produire le kilowatt-heure utilisable à la sortie des centrales avec une consommation de charbon égale au maximum à 7/4, soit 1,75 kg. par kilowatt-heure.

Or, avec les groupes électrogènes actuels, on peut affirmer que le poids de charbon consommé par kilowatt-heure aux barres de la centrale, oscille aux environs de 1 kg. La conclusion est donc en faveur de la traction électrique.

Estimation des charges financières

La locomotive à vapeur ne représente guère en capital qu'un prix équivalent à celui de l'équipement électrique du matériel roulant : toutes les installations nécessaires à la production de l'énergie, à sa transformation, son transport et sa distribution par les lignes de contact, sont donc en supplément.

M. Carlier estime que ces dépenses d'installation peuvent varier dans les limites suivantes :

Pour l'usine centrale, en moyenne 25 0/0 de la dépense totale;

Pour les lignes de transport, sous-stations et équipement des voies, en moyenne 45 0/0 de la dépense totale ;

Pour l'équipement électrique du matériel roulant, en moyenne 25 0/0 de la dépense totale.

Les économies réalisées par l'électrification qui proviennent à la fois des économies obtenues dans le mode de traction et des économies faites dans les dépenses de l'xploitation sont-elles de nature à assurer le rendement des capitaux investis ?

Dans un mémoire remis au Parlement en 1909, par le ministre des Communications de Bavière au sujet de l'électrification des Chemins de fer de l'Etat bavarois, les dépenses de première installation pour l'électrification de 210 kilomètres de ligne simple, étaient estimées à 7.412.200 francs, usine centrale non comprise.

La dépense par kilomètre de ligne simple équipée s'élevait donc à 34.000 francs.

M. Signorel, dans son ouvrage déjà cité, calcule que sur des bases qui lui ont été fournies par la Compagnie des Chemins de fer du Midi, la dépense supplémentaire par kilomètre équipé électriquement peut s'élever à 43.180 francs, y compris la dépense de deux usines génératrices hydrauliques pouvant produire 28.500 kilowatts, la dépense des sous-stations et l'équipement des lignes. Pour 220 kilomètres, la dépense supplémentaire totale serait donc de 9.499.600 francs, soit aux environs de 10.000.000 de francs.

L'électrification du chemin de fer du Gothard, que j'ai citée plus haut, reviendra, suivant les estimations de la Commission suisse d'Etudes, à environ 200.000 francs le kilomètre de voie double, pour l'équipement complet de la ligne et la construction des usines électriques.

On ne peut conclure de ces chiffres quelle pourrait être la dépense totale résultant de l'électrification d'une partie des voies ferrées d'intérêt général, car elle dépend de trop de circonstances pour être évaluée même avec approximation.

Il n'y a pas de doute que, dans des conditions équivalentes, les frais de premier établissement des voies ferrées pour la traction à vapeur sont moins élevés que ceux de premier établissement pour la traction électrique; mais la comparaison des frais de traction et des frais d'exploitation est nettement en faveur de la traction électrique partout où elle a été appliquée.

Les économies se chiffrent d'abord par des économies de combustible. M. Murray, en se référant aux expériences du New-York New Haven, les estimait à 50 0/0.

M. Shaw déclarait que la dépense de charbon par tonne-mille était, en pence, de 0,03035 pour la vapeur et 0,020 pour l'électricité.

M. Carlier, dans son étude sur la traction électrique, estime que l'économie de combustible réalisée est au moins de 42 0/0, et l'appliquant aux consommations de charbon du réseau belge, il la chiffre, pour une année déterminée, aux environs de 13.000.000.

Aux économies de combustible s'ajoutent la réduction des dépenses d'entretien du matériel, d'entretien des voies et l'économie de la main-d'œuvre.

D'après des chiffres contrôlés, le coût global du parcours effectué par un train de 150 tonnes, sur une distance de 1 kilomètre, y compris l'intérêt du capital engagé et l'amortissement et les frais généraux, serait de 0 fr. 65 pour la traction à vapeur et de 0 fr. 44 pour la traction électrique, y compris le coût de la force motrice.

La différence de 0 fr. 21 entre ces deux chiffres compenserait l'entretien des lignes aériennes évalué à 150 francs par an et par kilomètre.

Mais, le bénéfice de la traction électrique ne se traduit pas seulement par des réductions de dépenses qui, dans certains cas déterminés, pourraient justifier sa substitution à la traction à vapeur ; il se traduit encore par des accroissements de trafic et des augmentations de recettes.

D'après les chiffres connus du Métropolitain District Railway, l'augmentation des recettes brutes en 8 ans est de 68 0/0.

Sur le Mersey Railway, cette augmentation atteint 102 0/0 au bout de la dixième année d'exploitation.

Sur le North Easters Railway, l'augmentation des recettes brutes au bout de 2 ans est de 17 0/0.

Sur le chemin de fer de Manhattan à New-York, le trafic a augmenté de 50 0/0 dans la première année, tandis que les frais d'exploitation tombaient de 55 à 40 0/0.

Sur la ligne du Gothard, que l'on peut définir comme une ligne principale, et en tenant compte d'un accroissement de trafic de 35 0/0 je rappelle que la dépense estimée par kilomètre-locomotive électrique serait de 0 fr. 73 au lieu de 1 fr. 27 par kilomètre-locomotive à vapeur.

En résumé, si l'on se base sur les chiffres qui ont été donnés par les compagnies anglaises, les charges financières, non compris les frais d'usine centrale, varient de 0,0124 par train-kilomètre (chiffre du North-Railway), à 0,0325 (chiffre du London-Brighton South Cost Railway) et les dépenses d'exploitation totales par train-kilométrique apparaissent comme inférieures de 0,10 environ, tandis que pour la plupart des Compagnies qui ont électrifié toutes leurs anciennes installations à vapeur le revenu net déduction faite des charges financières du capital au taux de 4 0/0 a augmenté dans des proportions de 14 à 61 0/0. Seulement, les exemples les plus favorables que j'ai cités, soit en Amérique, soit en Angleterre, soit en France, se rapportent à des lignes présentant des caractères particuliers.

En se bornant à capitaliser au taux de 8 0/0 les économies probables résultant :

D'une part, de la réduction des frais d'exploitation estimés à 0,03 par tonne kilométrique, soit par an 150 millions de francs si on admet 5 milliards de tonnes kilométriques remorquées électriquement ;

D'autre part, de l'économie de 3 millions de tonnes de charbon estimées à 40 francs ;

On calcule que ces économies représentent un capital de plus de trois milliards.

Électrification d'appareils divers

Il y a, en tous cas, un chapitre sur lequel tout le monde se déclare d'accord, et quelle que soit la dépense entraînée : c'est celui de la transformation la plus immédiate possible de tous les moyens employés par les compagnies de chemin de fer pour la manutention des colis, le chargement des wagons, l'éclairage des gares et des signaux, les mouvements dans les gares de triage et même dans les gares principales, les formations de trains, les aiguillages à distance, le fonctionnement de certaines barrières, etc...

A cet égard, je suis autorisé à dire que des essais fort intéressants de transmission de signaux aux locomotives par ondes hertziennes se poursuivent avec succès.

L'effort à faire dans ce sens pourrait être réalisé assez rapidement en contribuant déjà à une économie importante de combustible et de main-d'œuvre qui rémunèrerait très certainement les nouveaux capitaux engagés.

Voies navigables.

Enfin, dans l'intérêt même de la voie ferrée, il y aurait lieu de développer les raccordements des lignes de chemins de fer avec les canaux, avec les rivières canalisées, avec les ports intérieurs, avec les gares d'eau qu'il faudra créer pour favoriser les échanges entre nos diverses usines, soit entre elles, soit avec l'étranger.

L'Administration des Travaux publics et les Compagnies de chemins de fer ne se sont pas toujours montrées favorables à ce projet de raccordement et d'aménagement complet de nos canaux. Sans prendre parti à l'heure actuelle entre « les canalistes et les ferristes » je puis dire que les installations d'essais de halage électrique pratiqués sur certaines voies navigables françaises, ont été très encourageants et ont donné lieu, depuis la guerre, à diverses applications qui doivent être le point de départ d'un renouvellement des méthodes d'exploitations de nos voies navigables. L'une de ces applications a été faite par la Compagnie Générale Electrique entre Foug et Pagny-sur-Moselle et son système funiculaire de traction par câble souple a reçu maintenant la consécration de l'expérience de plus d'une année. Une seconde installation a été mise en service au début de 1917 pour assurer le passage de la Moselle devant les aciéries de Pompey ; des études sont en cours pour aménager le secteur de Varangeville du canal de la Marne au Rhin, le long des salines et soudières de Dombasle en vue d'assurer la circulation des péniches, tout en permettant aux usagers du canal de se servir du chemin de halage pour le déchargement de ces péniches. Ces installations de halage comportent avec elles l'aménagement et l'équipement électrique des ports d'eau et favorisent ainsi l'amélioration des moyens de transport.

D'autres essais avaient été faits avant la guerre sur une partie de nos canaux du Nord. Il serait indispensable de prévoir leur réinstallation, en même temps que nous reconstruirons nos régions envahies et en s'inspirant aussi bien des résultats obtenus sur le canal de la Marne au Rhin que sur ceux obtenus dans des installations étrangères où l'usage des tracteurs a été employé de préférence au système funiculaire.

DES MOYENS.

L'amélioration de nos moyens de transport par l'électrification apparaît comme une nécessité.

Les résultats que je vous ai soumis justifient non seulement l'étude de cette amélioration, mais sa réalisation prochaine et progressive sur toutes les lignes de banlieue, les lignes de montagne ou à profil accidenté et dans les cas où la traction électrique, sans réaliser des avantages économiques réels, apporte en avantages généraux, une amélioration très certaine au fonctionnement de la traction.

Cependant, quand on envisage les moyens, on se heurte à la question financière ; c'est d'ailleurs la seule qui préoccupe le Parlement et je ne vous surprendrai pas en vous confirmant que dans tous les rapports de la Commission du budget depuis 1910, les rapporteurs des chemins de fer de l'Etat et des conventions et garanties d'intérêt n'ont admis qu'une solution : le rachat des chemins de fer.

En 1914, M. Chautemps s'exprimait ainsi :

« Les charges des Compagnies vont graduellement s'augmen-
« ter de tous les travaux complémentaires dont la nécessité se fera
« de plus en plus impérieusement sentir. Il faudra en effet songer
« à l'amélioration de la capacité de résistance des voies, à l'aug-
« mentation de la puissance des machines, peut-être même très
« prochainement à une généralisation de l'électrification des princi-
« pales lignes en vue de réaliser des vitesses plus grandes, au dou-
« blement de certaines d'entre elles » ; et il concluait que, devant la cherté des emprunts futurs et des courts délais à courir jusqu'à l'expiration de leur concession, les Compagnies devant amortir avant la fin de ces concessions leurs emprunts antérieurs et leurs emprunts ultérieurs nécessités par les lignes neuves, les travaux complémentaires et l'acquisition du matériel, feraient au public des appels de fonds de plus en plus rares et arrêteraient ainsi l'essor de nos transports par voies ferrées.

Pour maintenir dans leur état de progrès nos lignes de chemin de fer et éviter cet arrêt de notre source de richesses, il fallait envisager le rachat par l'Etat. M. Chautemps se défendait cependant d'en parler, ajoutant que cette solution avait toutes ses préférences et que, certainement, un très grand nombre d'adversaires de cette mesure, l'adopteraient lorsque l'expérience aurait surabondamment démontré que les avantages de l'exploitation directe par l'Etat ne le cédaient en rien à ceux de l'exploitation par les régies intéressées que sont en réalité les grandes Compagnies de chemin de fer !

Les résultats de l'exploitation de nos chemins de fer de l'Etat ne sont pas cependant de nature à encourager cette opinion du Parlement, qui, il faut l'espérer, subira un revirement que nous devons contribuer à faire naître par tous les moyens de publicité dont nous disposons et, notamment, par la manifestation de ce Congrès.

M. Péchadre, ancien rapporteur de la Commission du budget, dans un article sur le renouvellement des conventions, constatait que, d'une façon générale, on observait déjà ce revirement relativement à la municipalisation ou à l'étatisation des services de transport.

L'exemple des résultats du rachat de la Compagnie de l'Ouest a fortement impressionné ceux qui ne sont pas de parti pris.

Le réseau de l'Etat est actuellement en déficit de 90.000.000 alors que la Compagnie de l'Ouest n'avait jamais fait appel à la garantie de l'Etat pour des sommes supérieures à 25.000.000.

M. Colson, dans un article de la « Revue parlementaire » de mai 1914, examinant les résultats de l'exploitation des chemins de fer d'intérêt général pendant les années 1911-1912 et 1913, en France, en Angleterre et en Allemagne, ne craignait pas de conclure que les résultats comparatifs de l'exploitation des Compagnies concessionnaires ou des régies d'Etat, faisaient éclater le caractère dispendieux de ces dernières avec un excès qui confirmait l'opinion souvent exprimée par lui sur l'incompatibilité des industries d'Etat avec un régime démocratique et parlementaire.

Des chiffres qu'il citait, il ressort que sur les chemins de fer de l'Etat français le produit net présentait une diminution de 33.000.000 de francs pendant qu'il augmentait de 11.000.000 pour les autres Compagnies.

En 1913, le coefficient d'exploitation était tombé de 89 à 85 0/0 grâce à une compression des dépenses, tandis que sur les réseaux concédés, ce coefficient variait de 55 0/0 pour le Midi avec une recette kilométrique de 37.000 francs ; à 61,3 0/0 pour le Nord, avec une recette kilométrique de 87.600 francs.

Le coefficient d'exploitation des chemins de fer allemands, souvent cités comme exemple, était de 66 0/0 en 1913 avec une recette kilométrique de 72.000 francs, supérieur de 4,4 unités au plus mauvais coefficient de nos Compagnies concessionnaires.

Il n'est pas inutile de constater que pour une recette kilométrique de 36.000 francs le réseau d'Etat, avait à cette époque par kilomètre 8,20 agents tandis que le Midi, avec une recette kilométrique de 37.000 francs, n'en employait que 6,68.

En Suisse, où les partisans du rachat pourraient prendre leur exemple, il faut conclure, d'après les résultats d'ensemble acquis, qu'il n'a pas répondu aux promesses de ses promoteurs et que le public, le personnel et la nation, étaient loin d'en avoir retiré tous les avantages qu'ils avaient espérés.

Après la guerre, devant le problème financier qui se dressera, il ne sera pas possible de se payer les fantaisies coûteuses de la régie d'Etat ; il faudra accorder aux Compagnies concessionnaires toutes les garanties dont elles ont besoin pour réaliser en toute sécurité les améliorations qui seront reconnues nécessaires.

L'objection de la dépense très importante qu'il y a lieu d'envisager dès maintenant pour la révision complète du matériel roulant, l'entretien des voies, des gares, etc., la reconstitution de nos lignes dans les régions envahies, — dépenses qui se chiffrent à l'heure actuelle par plus de 4 milliards, — oblige les meilleurs esprits à se poser la question de savoir s'il faut entreprendre des transformations aussi radicales que celles que nous étudions, qui se chiffreront aussi, de leur côté, par plusieurs milliards.

Ce n'est pas une solution immédiate que nous demandons, c'est une solution progressive, appliquée le plus rapidement possible et suivant les circonstances, aux cas particuliers qui, certainement, par leurs résultats, doivent rémunérer les capitaux investis ; l'étude généralisée de la question permettrait, en tous cas, par l'établissement d'un programme d'après guerre, d'entreprendre cette transformation, au fur et à mesure, partout où elle est nécessaire.

Pour l'assurer, il n'y a pas d'autres moyens que de prolonger les concessions actuelles d'une durée minimum de 75 ans qui, s'ajoutant à la durée des concessions actuelles, procureraient aux Compagnies, tout le délai nécessaire pour amortir et leurs installations anciennes et leurs dépenses de réfection provisoire et leurs dépenses d'amélioration par l'électrification.

Il faudrait, dans cet esprit, réviser largement les conventions de 1883, solutionner toutes les questions si complexes des engagements de l'Etat vis-à-vis des Compagnies ou réciproquement des Compagnies vis-à-vis de l'Etat, rendre à ces dernières une liberté financière et économique qu'elles n'avaient plus, se limiter au contrôle de la sécurité et des tarifs, mais ne plus restreindre les Compagnies dans leur essor industriel et commercial par des mesures de circonstance qui grèvent leur budget sans profit pour la Nation puisque celle-ci est, en fin de compte, obligée de s'imposer d'une façon extraordinaire, en vue de servir aux actionnaires et aux obligataires les intérêts sur lesquels ils peuvent compter.

Il serait, d'autre part, souhaitable que toutes les Compagnies se fondent en une seule qui n'aurait plus que les mêmes méthodes d'exploitation adaptées, bien entendu, au régime économique des régions desservies, mais qui ne présenteraient plus ces différences profondes qui existent à l'heure actuelle.

Un modèle unique de matériel roulant, des modèles types de

locomotives, les mêmes signaux, les mêmes rails, en un mot, pour des problèmes qui se présentent pour chaque Compagnie d'une façon identique, des solutions identiques.

A ce point de vue, la guerre a montré combien il était regrettable que cette unité n'existât pas et la diversité du matériel a bien souvent gêné l'exploitation militaire des chemins de fer.

Je n'irai pas jusqu'à demander que nos Compagnies de chemins de fer jouissent de la liberté des Compagnies américaines ; nous ne pourrions certes nous accommoder des mêmes méthodes de concurrence et d'un statut qui règlemente principalement les tarifs ; mais il y a lieu de considérer les entreprises des chemins de fer comme toutes les entreprises commerciales et industrielles et de leur accorder comme à toutes les autres, les facilités dont elles ont besoin pour prospérer.

Dans cet ordre d'idées, le relèvement des tarifs paraît comme une chose nécessaire et s'il a l'heureux résultat de permettre aux Compagnies de gagner de l'argent tout en rémunérant convenablement leur capital, il faut en conclure que les Compagnies seront incitées dans leur intérêt propre comme dans l'intérêt du public, à dépenser leurs gains en nouvelles installations et en améliorations incessantes.

Je formulerai comme conclusions les vœux suivants :

Vœux formulés par la Section VI (Électricité)

Le Congrès, considérant que l'amélioration de nos moyens de transport est une condition essentielle à la prospérité économique du pays, exprime les vœux suivants :

1° Que les Compagnies constituent une Commission d'études pour l'application immédiate de la traction électrique à tous les cas où les expériences antérieures ont prouvé que cette application était avantageuse : lignes de banlieue et de grande banlieue jusqu'à 100 kilomètres, lignes de grand trafic à grande périodicité, lignes de montagnes et principalement dans les régions où les installations hydro-électriques fourniront de l'énergie à prix réduit ;

2° Que les Compagnies adoptent, le plus rapidement possible, dans toutes leurs gares, des appareils électriques de manutention, de signalisation et d'aiguillage, et, dans toutes les gares de triage, de bifurcation et d'embranchement, des locomotives et appareils électriques de manœuvre ;

3° Que les conventions de 1883 soient modifiées et que la durée des concessions soit prolongée avec relèvement temporaire des tarifs, afin de permettre aux Compagnies de Chemins de fer, sans recourir au crédit de l'Etat, de réaliser l'électrification successive des diverses lignes de leurs réseaux ;

4° Que le Comité d'électricité procède, dès maintenant, à la révision des règlements techniques pour l'application de la loi du 15 juin 1906, les mette en harmonie avec les nouvelles découvertes de la science, les résultats pratiques de l'expérience, réforme notamment l'arrêté technique du 21 mars 1911 dans un sens plus large et plus conforme à la technique de distribution pour les voies ferrées.

Paris, 14 février 1918.

E. de FRANCE.

SECTION VI

Président : M. JEAN REY

RAPPORT

de M. Émile GIRARDEAU

SUR LES

COMMUNICATIONS TÉLÉPHONIQUES, TÉLÉGRAPHIQUES, RADIOGRAPHIQUES ET POSTALES

Rapport sur les P. T. T.

La lutte économique ne connaît pas les brutalités immédiates de la guerre où chaque faute est aussitôt marquée par les coups de l'ennemi. L'appel de la Patrie en danger a fait jaillir l'héroïsme, l'abnégation, les plus belles vertus humaines, il a provoqué des efforts prodigieux des cerveaux et des bras pour la production nécessaire à la défense nationale.

La France, délivrée de l'étreinte allemande, ne doit pas risquer d'être lentement étouffée, elle ne subira pas la défaite économique ; elle ne mourra pas de mort lente après avoir échappé à l'assassinat (1).

La défaite industrielle et commerciale, c'est le chômage, la grève, l'émeute, la guerre intérieure, la dépréciation du crédit et de l'argent, la hausse fantastique des denrées indispensables, la famine, la misère de tout un peuple contrastant avec le luxe de quelques spéculateurs chanceux ou des étrangers qui viennent coloniser.

La France ne glissera pas des sommets d'une pure gloire militaire à l'abîme d'une ruine économique à laquelle ses ennemis, maîtrisés sur les champs de bataille de la Marne, de Champagne, de l'Artois, cherchent déjà à la contraindre.

Nous ne le voulons pas, mais il faudra beaucoup de persévérance et, disons le mot, de courage civique, pour que cette volonté soit agissante.

---

(1) M. Georges Hersent, dans le « Correspondant » du 10 décembre 1917 : « Un pacte économique entre Alliés », met en lumière le but avant tout économique de la guerre voulue par l'Allemagne.

Réorganiser économiquement, c'est démolir tout ce qui conduisait lentement ce pays au dépérissement avant 1914.

Or, rien de cela n'a été détruit, les mêmes vices organiques n'ont pas été tués par la guerre ; ils se défendent encore et vigoureusement comme les bascilles de quelque maladie mortelle. Ces causes du mal profond dont faillit mourir la France, sont d'autant plus difficiles à déraciner que nos générations ont familièrement vécu avec elles, que l'habitude nous aveugle et qu'avant toute réflexion, nous sommes par seconde nature, rebelles à tout changement.

La guerre n'a pas fait disparaître les causes de notre faiblesse et l'infériorité de préparation et d'organisation où 1914 a trouvé la France. Est-ce que la meilleure assurance contre les risques de guerre, le meilleur gage de force et de paix n'est pas la prospérité économique, c'est-à-dire : des mines, du blé, des navires, des usines, de chemins de fer, des télégraphes, des téléphones, ces derniers pour transmettre instantanément la pensée qui vivifie tout le reste.

***

Des télégraphes, des téléphones... Il semble dans l'état du progrès moderne que rien ne soit plus facile que d'arriver à la perfection de leur utilisation.

Et c'est la vérité : un homme énergique, dégagé de la gangue administrative, pourrait établir, organiser, exploiter, en un temps relativement court, tout un système télégraphique et téléphonique, apte à rendre à ce pays des services immenses, indispensables à la marche normale de ses affaires.

C'est que personne, parmi les responsables, n'a jamais eu le pouvoir d'agir, ou plutôt c'est parce qu'il n'y a pas de responsables, parmi les hommes compétents, à même d'agir.

L'Administration des P. T. T. est organisée pour ne rien faire, non pas qu'elle n'ait compté et ne compte encore des fonctionnaires de haute intelligence, de grande habileté, d'excellents ingénieurs, des agents actifs et dévoués, mais toutes ces volontés sont étouffées par l'organisation.

Principes d'organisation

Avant d'établir cette étude, nous avons jugé nécessaire pour remplir consciencieusement notre mission, de relire attentivement les rapports établis chaque année depuis 1898 par les Commissions de la Chambre et du Sénat sur les projets de budgets pour la section des Postes et Télégraphes ; nous avons eu également sous les yeux les 557 pages du rapport de M. de Kératry, présenté au nom de la Commission extra-parlementaire des Postes et Télégraphes, en 1911, au sujet des questions de traitements, salaires, pensions et indemnités (Commission réunie selon la résolution de la Chambre du 2 février 1910).

Parmi les autres documents et bulletins officiels qu'il nous a été précieux de consulter, nous devons citer le rapport adressé en date du 1er septembre 1917 par le ministre du Commerce, des Postes et Télégraphes, au Président du Conseil sur la réorganisation des P. T. T.

La plupart de ces rapports sont, au point de vue qui nous occupe, d'un puissant intérêt, ils contiennent d'utiles renseignements et témoignent, de la part des auteurs, d'une connaissance profonde des rouages compliqués de notre grande administration nationale des P. T. T.

On ne sera pas surpris que les rapports signés Clémentel, Couyba, Charles Dumont, Emile Dupont, Gauthier, Mesureur, Millerand, Noulens, Sembat, Steeg, contiennent d'éloquents exposés des questions financières, administratives et techniques, concernant les postes, télégraphes et téléphones.

Il convient encore ici de rendre hommage à des hommes qui sont l'honneur du Parlement et du Pays et qui ont réellement tracé la voie que l'Administration aurait dû suivre depuis longtemps.

Dès 1908, M. Steeg, indiquant les véritables causes de la crise des P. T. T., a fourni des indications suffisantes pour établir un programme de travaux capables de résoudre les difficultés.

Tous les autres rapporteurs précédemment cités et, particulièrement, MM. Millerand, Charles Dumont, Emile Dupont, ont insisté pour l'établissement d'un budget *industriel,* pour une exploitation *industrielle,* dont l'esprit peut être très bien concilié avec le respect de l'intérêt public des ruraux, auxquels on doit concéder des bureaux et des lignes de faible coefficient d'exploitation et même la plupart du temps déficitaires.

Il ne sera pas inutile, ne serait-ce que pour montrer le bon accord, sur ces principes, de citer les paroles prononcées au Sénat le 12 décembre 1917 :

SENAT. — Séance du 11 décembre 1917

« *M. le ministre du Commerce et des P. T. T.* — ...Pour que « nos services postaux, télégraphiques et téléphoniques soient à la « hauteur des besoins, qu'ils devront satisfaire dans la période d'ac- « tivité économique qui suivra la fin des hostilités, des réformes « profondes sont nécessaires. Il nous faut industrialier l'admini- « tration des postes.

« Dans un rapport au président du Conseil, dont chaque mem- « bre du Parlement a reçu un exemplaire, j'ai exposé comment je « comprenais cette industrialisation; diminution du prix de revient,

« abaissement des frais généraux par la simplification des métho-
« des d'exploitation, développement de l'outillage mécanique, aug-
« mentation du rendement de chaque unité, résultat d'une prépa-
« ration complète de la tâche qui lui incombe. J'indiquais égale-
« ment que l'initiative et la responsabilité des chefs, le renforce-
« ment du contrôle devaient être les principes directeurs de l'ex-
« ploitation d'après guerre et la conséquence de la décentralisa-
« tion que je poursuis. »

« *M. Guillaume Chastenet.* — ...Monsieur le ministre nous a parlé
« de son personnel. Oh! ne confondons pas, je rends hommage
« au personnel des postes et télégraphes; je regrette seulement
« qu'il ne soit pas plus encouragé dans ses initiatives et qu'on ne
« lui fournisse pas une organisation et surtout un outillage plus
« conformes aux nécessités du service qu'il a à remplir. »

« *M. Ernest Monis.* — Très bien! Voilà la question! »

« *M. Guillaume Chastenet.* — Supprimer ou rapprocher les dis-
« tances, économiser le temps qui est lui-même une monnaie pré-
« cieuse »...

« *M. Perreau.* — Industrialiser les services! »

« *M. Guillaume Chastenet.* — ... Multiplier ainsi le rendement du
« capital humain, le plus important pour un peuple, n'est-ce pas
« en cela que devrait se résumer toute la politique du ministre
« des Communications postales, télégraphiques et téléphoniques?»

« *M. Perreau.* — Il aurait l'unanimité du Parlement. »

« *M. le ministre.* — C'est bien la sienne. »

« *M. Guillaume Chastenet.* — M. le ministre vient de parler des
« téléphones. Je n'en avais rien dit. Il n'y a pas un pays au monde,
« l'Espagne excepté, où le téléphone soit aussi en retard que dans
« le nôtre. Nulle part, il ne coûte aussi cher, nulle part, il n'y en
« a si peu. »

« *M. le ministre.* — Je suis tout à fait d'accord avec vous. »

« *M. Guillaume Chastenet.* — Aux Etats-Unis, il y a un télé-
« phone par cinq ou six habitants. Il y a un téléphone dans chaque
« maison, dans chaque appartement, presque dans chaque pièce.
« Aux Etats-Unis, il est aussi répandu que l'écritoire dans nos
« propres appartements. C'est un meuble indispensable.

« Il serait bien intéressant de calculer ce que nous perdons
« en force et en utilité, ce que nous laissons s'évaporer parce que
« nous n'avons pas organisé le téléphone comme il devait l'être.

« En ce qui concerne les chemins de fer, des calculs très inté-

« ressants de M. Krantz et de M. de Freycinet ont démontré que « leur utilité, considérée en fonction de la recette brute, pourrait « être évaluée à trois ou quatre fois cette recette. Il serait curieux « d'appliquer cette méthode au téléphone. Il y a deux tarifs qui « donnent le même rendement: l'un avec des prix plus élevés et « moins d'abonnés et l'autre avec des prix moins élevés et un plus « grand nombre de consommateurs. Il va de soi que c'est le second « qui fournit la plus grande utilité pour la masse de la nation. « Le Trésor a le même profit, mais le bénéfice qu'en retire la « nation est plus grand dans le second cas que dans le premier.

« Je suis persuadé que, si les prix de l'abonnement télépho- « nique étaient abaissés, l'utilité qui en résulterait pour le pays, « avec le nombre accru dés abonnements, atteindrait au moins « 700 ou 800 millions par an sans perte pour le Trésor. (Très « bien !) »

Ainsi donc, tout le monde est d'accord sur les principes. Et bien, puisque les voilà posés, soyons pratiques et passons aux moyens d'application.

Moyens pratiques d'exploitation industrielle

Ceux qui demandent une exploitation *industrielle* ont fourni le mot, l'esprit, le but; il appartenait à l'administration des P. T. T. de réaliser cette exploitation vraiment industrielle. Malgré toutes les protestations, ni l'organisation, ni la direction, ni la mentalité, n'ont jamais été « industrielles » dans cette Administration.

Le premier principe d'organisation industrielle est de créer, de préciser, de délimiter les responsabilités. A côté des sanctions négatives, il faut établir la contre-partie et instaurer un régime de récompenses proportionnées aux *résultats*.

Personne ne conteste l'efficacité de cet étau dans lequel chaque homme de commerce et d'industrie se trouve pris; la faillite d'un côté, la fortune de l'autre. On n'a jamais trouvé de meilleur stimulant que l'intérêt à l'activité humaine.

Or, ici, nous nous trouvons en présence d'une organisation de fonctionnaires. Il est infiniment honorable pour un pays de compter des agents d'administration désintéressés, qui, par seul sentiment du devoir, bien plus que par intérêt, accomplissent avec zèle des travaux difficiles absorbant toutes leurs forces, toute leur intelligence, toute leur âme. Mais dans les voies de l'initiative et du progrès, nous serons supplantés par les nations d'esprit plus pratique, rémunérant bien qui travaille bien. L'argent qui paye le travail n'avilit pas la main qui l'a gagné.

Il faut que les fonctionnaires qui déterminent les ***résultats*** soient ***responsables*** et ***intéressés.***

Sans quoi, il n'y a pas d'exploitation *industrielle.* Aussi, jusqu'ici, il n'y en a pas, il n'y en a jamais eue.

Tout est subordonné à des commissions, qui sont l'organisme par excellence de l'irresponsabilité. *Pas un* homme, pas un chef, des commissions.

J'affirme d'une façon tout à fait nette que c'est le vice le plus grave de l'administration; certain de n'être pas contredit, ni par l'administration elle-même, ni par son chef suprême, le ministre du Commerce, qui s'exprimait ainsi le 1re septembre 1917, dans son rapport au président du Conseil, sur la réorganisation du service des P. T. T.

« L'extension du rôle de l'Administration, ses attributions multiples ont provoqué une réglementation très complexe, puisqu'elle touche à des objets très différents. Elaborés à des époques diverses, pendant les périodes d'essais, ces réglements manquent de liaison entre eux, et, ce qui est plus grave, ils ne répondent pas au besoin de clarté, de simplicité, si impérieux dans une exploitation qui réclame, avant tout, de la rapidité et de la sûreté, dans l'exécution d'opérations sans cesse plus nombreuses. Il serait injuste de méconnaître ce qui a déjà été fait aux fins des adaptions et des coordinations nécessaires, mais il s'en faut que tout esprit de routine ait complètement disparu des instructions administratives. C'est à lui qu'on doit certains abus dans les précautions, même certaines bizarreries qui suscitent les doléances légitimes du public.

« Par suite de cet état de choses, l'organisme administraif avec son étroite centralisation, l'arsenal de ses règles minutieuses et parfois contradictoires, ne présente pas toujours une souplesse suffisante pour se plier à une exploitation rationnelle.

« Une revision des méthodes administratives et des pratiques d'exploitation s'impose, il faut réduire la paperasserie, activer la solution des affaires, élaborer des réglements simples et n'exiger, pour chaque opération, que le minimum de manœuvres et de temps. On connaît les heureuses conséquences qui en résulteront forcément; célérité plus grande dans l'exécution; meilleur rendement du matériel et du personnel; rapidité de solution dans les affaires; diminution de frais; en fin de compte, amélioration évidente du coefficient d'exploitation. »

Ce programme sera rempli si l'on supprime les commissions et si l'on oblige chaque fonctionnaire à prendre les décisions compatibles avec sa compétence et son autorité. Ceci entraîne forcément la décentralisation, dont le ministre du Commerce s'est déclaré un partisan résolu (rapport déjà cité à M. le président du Conseil).

Ainsi les bureaux de poste sont sales, mais sales à un tel point que les Parisiens n'imaginent pas. On rougit de honte en allant porter un télégramme au bureau de Nantes dont la crasse humide lambrisse les murs. Le public n'entrerait jamais dans un magasin aussi mal tenu.

Pour obtenir de la peinture, il faut des rapports, des crédits... enfin, le Directeur de Nantes doit en référer au Ministre, c'est-à-dire aux bueraux du ministère, qui répondent si lentement : Il faut *décentraliser*.

On lutte contre la tuberculose, on dépense beaucoup pour arracher à la mort les malheureux agents qui ont gagné la maladie dans l'atmosphère humide et pestilentielle des bureaux ! Il faut laver les bureaux, les peindre, y exiger de l'ordre, des ustensiles propres et pratiques. L'Administration n'a pas trouvé le moyen de procurer au public le moyen d'écrire, sans se tacher les mains.

Naturellement, on rejette toute la responsabilité sur le public. Le public est malpropre, peu soigneux, etc...

Le même public va dans les banques, les grands magasins, les hôtels, et là tout est propre et pratique. Nous connaissons des usines où l'on manipule de l'huile, de la graisse, du charbon, des tournures métalliques, et qui sont plus propres que les bureaux de postes du centre de Paris, cependant les mieux tenus.

Pas de commission : un inspecteur unique suffit qui, muni des pouvoirs nécessaires, contrôlera la bonne tenue de tous les bureaux de postes de France, assurée par les Directeurs et les Receveurs. L'inspecteur hygiéniste, peintre, nettoyeur, sera bien payé; il économisera une Commission (qui est bien plus coûteuse), il sauvera la vie de cent agents peut-être chaque année et de combien d'autres personnes obligées d'aller respirer la tuberculose des bureaux de poste.

Si les bureaux ne sont pas propres, l'Inspecteur sera révoqué, mais les bureaux seront propres.

On s'est mépris sur le rôle des Commissions et des Comités.

Une question intéressant divers services doit être étudiée en collaboration avec les représentants de ces divers services. La mauvaise méthode d'application de ce principe est de nommer une Commission pour cette étude. La bonne méthode est une conversation entre le chef et les divers fonctionnaires dont l'avis est utile. On se met d'accord, après avoir discuté ; puis le chef prend la responsabilité de décider ou, s'il ne peut décider lui-même, de proposer une solution à son chef, en l'éclairant en même temps sur les motifs et les conséquences.

Au lieu des complications, des cérémonies, de la paperasserie, qu'entraîne une Commission, nous apercevons qu'avec le système laissant aux chefs leur responsabilité propre, tout se règle par des conversations amicales, résumées par des notes succinctes et substantielles, contenant surtout des chiffres. Dans la majorité des cas, on perd son temps lorsqu'on ne parle pas « chiffres » parce que le chffre est la *précision même.* Au contraire, la plupart des rapports administratifs et des commissions donnent le malaise du vague.

Pour aboutir à quoi que ce soit, il faut abolir le système des Commissions.

Notre Administration compte assez de fonctionnaires intelligents et d'ingénieurs compétents, auxquels on peut faire confiance, et qui agiront dès que les Commissions ne les paralyseront plus. La seule tutelle admissible et nécessaire est celle qui préside aux destinées des industries : le Conseil d'administration, contrôlé lui-même par l'Assemblée générale des actionnaires, en l'espèce, le *Public,* le *Parlement* pour l'industrie d'Etat des P. T. T.

Il existe déjà un organisme appelé aux P. T. T. le *Conseil d'administration* qui vient de voir élargir ses attributions. C'est un pas nouveau dans une voie que nous désirons plus directe, plus large. Le Conseil d'administration, réorganisé par le décret du 13 juillet 1917, est une *commission des Commissions.* Il est, en effet, composé des représentants des diverses Commissions et Comités ; ses fonctions sont définies de la manière suivante dans le rapport de M. le ministre du Commerce le 1er septembre 1917 : « Le moteur « qui doit régler l'action de tous les rouages administratifs. » Nous sommes d'avis que le Conseil d'administration doit être autre chose et plus encore. Le Conseil est le représentant des actionnaires, c'est-à-dire du Public.

Il doit être *souverain, responsable* et *intéressé,* sous le contrôle du Parlement.

Il doit détenir le *pouvoir,* sous la présidence du Ministre, et déléguer les fractions de ce pouvoir à des administrateurs et à des directeurs également responsables et intéressés.

Il doit comprendre des représentants du Parlement, de l'Administration, du Personnel, du Commerce, de l'Industrie, de la Presse, du Public, et ses membres doivent être nommés, non point par le Ministre, c'est-à-dire par les bureaux, mais par les corps et associations.

Il importe que le Sénat désigne son représentant, la Chambre le sien, le personnel un ou deux, que les Chambres de commerce élisent un commerçant, que le Syndicat professionnel des Industries électriques ait ses délégués, que la Société des Ingénieurs civils ait le sien, ainsi que ce Congrès s'il devient permanent, de même pour les Associations de la Presse, qui représente aussi le grand public.

Enfin, il faudra faire une place aux représentants des obligataires que nous allons proposer de créer tout à l'heure.

Il importe toutefois que le nombre des membres ne soit pas supérieur à 12.

Les délégués de ce Conseil pourront être des hauts fonctionnaires de l'Administration. Le Conseil les désignera.

Je sais que tout ceci va à l'encontre des idées ancrées dans les milieux administratifs. Ma seule réponse sera qu'il faut, ou renoncer à ces idées d'avant 1914, ou périr.

Encore la solution que je propose est-elle d'une application pratique, facile, possible immédiatement. J'aurais pu démontrer que la solution la plus conforme aux intérêts financiers du pays eût été de faire passer l'exploitation des P. T. T. aux mains de l'industrie, en régie intéressée, mais ç'eût été faire abstraction de points de vue autres que le point de vue financier. Ce que je demande ne porte aucune atteinte aux principes de souveraineté nationale et de monopole des Postes et Télégraphes.

Les administrateurs, les directeurs seront, nous le répétons, responsables et intéressés. Que leur intérêt ne porte que sur *l'accroissement* des profits, ce sera justice. Que l'on fasse même la courbe de ces profits depuis dix ans, qu'on prolonge la courbe et que la participation de ce haut personnel ne porte que sur l'accroissement au-dessus de cette courbe, ce sera encore justice.

Amélioration des salaires de tout le personnel

Malgré notre préoccupation actuelle d'intéresser le grand état-major des P. T. T., nous songeons à faire la part plus large encore aux 110.000 autres agents, sous-agents et ouvriers, à tout ce personnel modeste et dévoué auquel on doit des améliorations considérables.

Les questions de salaires tiennent une large place dans les rapports parlementaires sur les P. T. T. On y trouve les souvenirs des conflits parfois aigres entre les travailleurs des P. T. T. et l'Administration. Directeurs, ministres, parlementaires, ont fait des efforts inouïs pour amener la conciliation, et finalement transiger.

On a trouvé des demi-solutions, bonnes à titre passager, mais qui laissent renaître les conflits à peu d'années de distance. Pour donner satisfaction au personel, au public et au budget, il n'y a qu'un moyen : augmenter les *recettes* et le *rendement*.

Ces deux mots :

recettes, rendement,

dominent la situation des P. T. T. comme celle de toutes les industries.

La situation du personnel de l'administration va devenir intenable, avec les salaires actuels et l'augmentation du prix de la vie. Les aggravations des tarifs postaux, télégraphiques et téléphoniques sont les seuls moyens employés jusqu'ici pour parer à la défaillance financière. Ce sont de médiocres moyens (1) et les tarifs sont tels que le système des majorations doit être déjà considéré comme épuisé, alors que la situation du personnel n'a pas reçu d'amélioration sérieuse, compatible avec les circonstances.

Dans le rapport de M. le sénateur Dupont, pour l'exercice 1912, on trouve une étude fort bien faite de l'augmentation du coût de la vie à Paris, dont les chiffres viennent du service de la statistique générale de la France.

De 1900 à juin 1911 :

Les loyers ont augmenté dans les proportions suivantes :

20 0/0 pour les loyers inférieurs à 250 francs;
16 0/0 — — de 250 à 500 francs;
12 0/0 — — de 500 à 1.000 francs;
10 0/0 — — de 1.000 à 2.500 francs;

La nourriture a augmenté dans les mêmes périodes de 20 à 30 0/0 ;

23 0/0 de hausse pour la viande de boucherie;
30 0/0 de hausse pour l'épicerie.

M. Dupont conclut à une augmentation totale de 20 0/0 au moins pour le coût de la vie entre 1900 et 1911, tandis que les augmentations des salaires pour la même période, furent les suivantes :

Pour les salaires au-dessous de 3.000 francs, l'accroissement fut de 5 0/0;

De 3.000 à 6.000, l'accroissement fut de 3 0/0;
De 6.000 à 12.000, l'accroissement fut de 1 0/0.

Le rapport conclut que les augmentations de traitement accordées au personnel des P. T. T. furent notoirement insuffisantes, et d'ailleurs réparties très inégalement entre les diverses catégories de fonctionnaires de cette administration.

Que devrions-nous logiquement conclure aujourd'hui, si nous prenons aussi comme base l'augmentation du prix de la vie ?

Il n'est pas excessif d'affirmer que le prix de la vie a doublé depuis 1900, même si nous ne tenons pas compte de certaines hausses exceptionnelles, multipliant passagèrement par 5 ou même 10 le prix de certaines matières et denrées.

(1) L'élévation des tarifs d'abonnements téléphoniques est à l'encontre des véritables intérêts du pays, que l'on considère les bénéfices directs ou les profits indirects du téléphone. M. Millerand avait décidé en 1906 d'abaisser la taxe d'abonnement de Paris de 350 à 300 francs, ce qui ne fut jamais appliqué; cette taxe, élevée aujourd'hui à 450 francs pour les particuliers, est une entrave au développement du téléphone. Les recettes et les profits seraient plus forts avec des tarifs moindres.

L'employé à 1.500 francs par an en 1900 doit en obtenir plus de 3.000 ou vous allez le laisser devenir un miséreux, incapable de nourrir une famille.

Le meilleur remède à la dépopulation est la prospérité dans le peuple. Les millions distribués aux travailleurs en récompense de leur activité nourriront des centaines de milliers d'enfants qui donneront bon espoir et confiance en l'avenir de notre pays.

Le taux raisonnable d'accroissement des salaires des travailleurs des P. T. T. correspond au double des salaires de la période précédant l'année 1900. Il n'est plus possible qu'un ingénieur reçoive 4.000 francs, un commis 1.500 et un facteur à Paris 1.400.

Conséquences financières

Le montant des salaires, payé en 1899 fut de 121.414.066 francs pour 74.932 agents de direction, agents d'exécution et sous-agents, soit une moyenne de 1.618 francs par agent, y compris toutes indemnités.

Si nous tablons désormais sur un effectif de 110.000 unités, la dépense correspondant à la mesure équitable que nous proposons pour les salaires, serait : 350 millions, tandis que le total des salaires est en réalité de 250 millions environ.

L'augmentation proposée produirait donc un trou de 100 millions.

Il faut en compensation, au moins 100 millions de recettes de plus, soit 500 millions au lieu de 400. C'est une question d'organisation, de méthode, de mentalité. Les recettes pourraient, à notre avis, être accrues assez vite pour qu'après trois ou quatre ans, au maximum, on puisse donner complète satisfaction à un personnel jusqu'ici comblé de compliments et de sollicitude oratoire, mais qu'on n'a jamais augmenté réellement dans la proportion de croissance du prix de la vie.

Est-il possible d'accroître notablement les recettes ?

Les recettes des P. T. T. n'ont cessé de croître. Les voici depuis 1898 :

RECETTES DES SERVICES POSTAUX TELEGRAPHIQUES ET TELEPHONIQUES DEPUIS 1900

EXERCICES	RECETTES			
	Postales	Télégraphiq.	Téléphoniques	Totales
1	2	3	4	5
1900	209.982.173 47	43.976.648 09	16.028.705 12	269.987.526 68
1901	212.270.268 30	41.732.302 30	17.517.575 16	271.520.145 76
1902	219.579.460 79	42.481.865 74	19.920.393 96	281.381.620 49
1903	231.822.250 33	42.371.592 56	22.017.187 11	296.265.030 »
1904	246.238.651 44	43.932.706 16	22.413.559 17	312.584.916 77
1905	261.454.274 22	46.489.578 58	23.494.997 13	331.438.849 93
1906	245.984.772 27	49.296.901 34	24.499.563 18	319.781.236 79
1907	246.934.740 85	51.083.478 52	26.305.831 18	324.324.050 55
1908	254.349.532 64	50.217.006 45	24.447.033 91	329.013.573 »
1909	257.499.156 06	51.766.372 92	30.986.176 29	340.521.705 27
1910	274.142.795 »	57.240.020 »	30.631.834 »	362.004.649 »
1911	277.886.784 »	57.356.747 »	35.287.230 »	370.530.761 »
1912	286.087.664 »	60.025.161 »	45.892.737 »	392.005.562 »

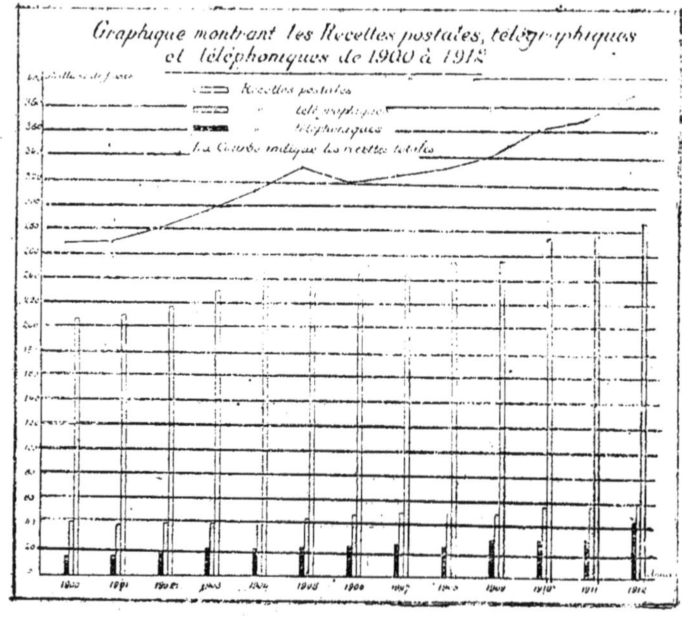

DÉPENSES DES SERVICES POSTAUX TÉLÉGRAPHIQUES ET TÉLÉPHONIQUES DEPUIS 1900

EXERCICES	DEPENSES			
	Permanentes	De premier établissement	Diverses	Totales
	10	11	12	13
1900	191.045.097 »	9.817.507 »	(2) 964.888 »	201.827.492 55
1901	198.211.030 »	10.608.295 »	»	208.819.325 67
1902	208.491.857 »	9.498.169 »	(1) 789.110 »	218.779.136 99
1903	209.678.561 »	13.315.962 »	»	222.944.523 94
1904	213.715.060 »	21.180.154 »	»	234.895.214 32
1905	222.415.342 »	17.274.299 »	»	239.689.641 26
1906	236.699.150 »	22.515.252 »	(1) 817.987 »	260.032.399 86
1907	249.053.083 »	23.480.223 »	»	272.533.206 15
1908	255.857.675 »	27.952.366 »	»	283.817.041 29
1909	271.415.835 »	24.564.324 »	»	295.980.158 94
1910	278.165.420 »	15.453.175 »	(3) 8.254.769 »	301.873.364 »
1911	295.023.898 »	14.789.821 »	»	309.813.719 »
1912	293.691.465 »	15.201.265 »	»	308.892.730 » (4)

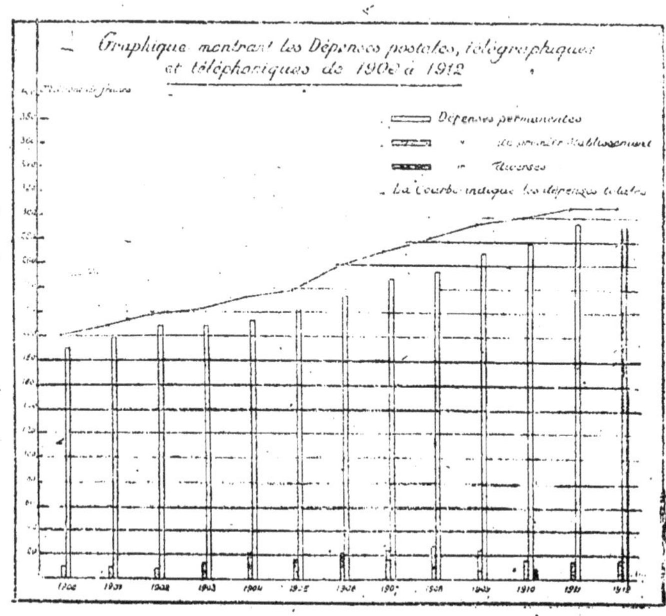

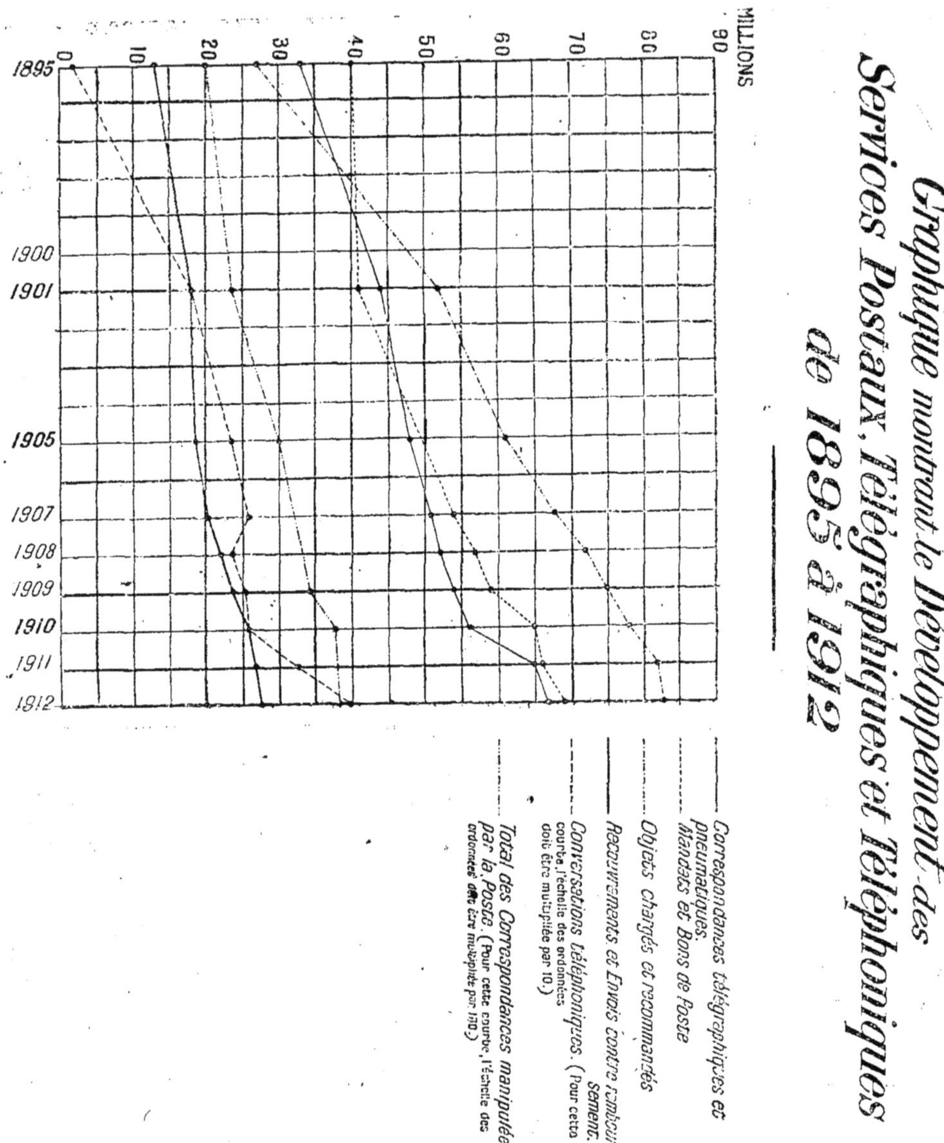

Cette croissance des recettes ne doit pas surprendre puisque, dans la pratique, l'administration n'a jamais pu faire face aux demandes du public.

Les clients affluent, la production ne suffit pas aux commandes.

Depuis que le service des postes, télégraphes et téléphones existe, il est en état permanent de « crise ».

Dans les rapports parlementaires de MM. Millerand, Mesureur, Berteaux, Sembat, Steeg, Ch. Dumont, E. Dupont, Dalimier, on retrouve sans cesse l'écho des plaintes du public et du personnel.

Est-ce à dire que ce mal chronique est un mal imaginaire dont il ne convient point de se soucier? et que nous devions considérer, par exemple, les longues attentes d'un numéro téléphonique, les erreurs d'appel qui nous dérangent trois fois inutilement pour un appel utile, la lenteur de certains télégrammes, etc... comme des vices inhérents à ces organismes.

Je ne le crois pas, il ne faut pas qu'on le croie en France, alors que cette vérité chez nous serait une erreur au-delà du Rhin, au-delà des Alpes, au-delà de l'Océan.

Les recettes des P. T. T. en France, qui s'élevaient en 1878 à 123.560.277 francs, montaient en 1905 à 331.293.275 francs et en 1913, dernière année normale à plus de 400.000.000 francs.

Nous verrons tout à l'heure que c'est bien peu vis-à-vis des recettes qui devraient correspondre normalement à la population française si l'on examine les chiffres obtenus dans les autres pays.

La crise permanente des P. T. T. s'explique facilement, c'est une crise de croissance; la croissance est continue, la crise est continue; et l'on peut dire que *jamais* les moyens employés pour développer ce grand service ne furent vraiment proportionnés au but à atteindre ; il eût fallu des moyens *héroïques*. Jamais l'héroïsme ne fut si bien de mise qu'aujourd'hui.

L'héroïsme militaire n'aura sauvé le pays que s'il est suivi d'autant d'héroïsme civil. Ce dernier semble plus facile, et paraît comporter de bien moindres sacrifices; il est cependant à craindre qu'il soit plus rare.

Pour se rendre compte de l'état permanent de crise des P. T. T. il suffit de lire les rapports parlementaires d'il y a cinq, dix, quinze ans; ils n'ont point vieilli et la plupart sont remplis de choses dites excellemment, qui pourraient être redites aujourd'hui avec le même intérêt .

Voici, par exemple, ce que M. Steeg écrivait en 1906:

« Crise postale, crise téléphonique, crise morale pour le per-
« sonnel...

« ... La situation n'est pas meilleure en 1906 qu'en 1886...

« Si la crise provient de l'accroissement du trafic et de l'inégal
« développement du matériel et du personnel, si les lenteurs exas-
« pérantes et dommageables tiennent à ce que les correspondances
« à recevoir, à transporter et à distribuer deviennent trop nom-
« breuses et encombrent les bureaux trop rares et trop étroits, le
« remède ne sera-t-il pas de faire tout participer à cet heureux
« accroissement, d'avoir plus d'employés, plus de place, et pour
« cela plus d'argent? Cette solution facile permet de répondre mo-
« mentanément et tant bien que mal à des exigences nouvelles sans
« renoncer à des habitudes dont l'ancienneté fait la douceur.

« Jamais le. Parlement n'a refusé les crédits qui lui ont été « timidement demandés par le Gouvernement dans l'intérêt soli- « daire du personnel et du public. Des taxes ont été réduites, des « emplois créés, des traitements élevés. Les directeurs ont eu sous « leurs ordres un plus grand nombre de chefs de bureau qui com- « mandaient eux-mêmes à plus de rédacteurs et d'expédition- « naires ».

« L'armée des commis, des facteurs, des courriers s'est aug- « mentée elle aussi. Mesure nécessaire, nul ne le conteste. Qui « pourrait croire qu'elle soit suffisante et qui pourrait admettre « que le bouleversement des conditions économiques, indus- « trielles, politiques et morales dans lesquelles le service est « appele à fonctionner au vingtième siècle n'exige pas des réfor- « mes plus profondes, une réorganisation plus hardie ? »

« Le petit commerce et le grand commerce. la petite indus- « trie et la grande industrie ne diffèrent pas seulement par la « quantité, par le chiffre de leurs affaires, la superficie de leurs « emplacements, le nombre de leurs employés. Il existe entre « eux des différences plus essentielles. Ils se distinguent par des « méthodes dissemblables par la nature même de leur orga- « nisation et les qualités originales qu'elle exige. N'est-il pas évi- « dent qu'une maison de commerce qui fait mille fois plus d'af- « faires qu'une autre n'y réussit pas en ayant mille fois plus « d'employés, en occupant des locaux mille fois plus vastes. Ce « procédé simpliste serait inefficace. En fait, cette proportion « n'existe nulle part. Quand une entreprise se développe, la divi- « sion du travail, l'emploi de machines perfectionnées permet- « tent de réduire les frais généraux et d'obtenir d'un personnel « mieux préparé et moins surmené un rendement très supérieur.

« Le retour périodique et fatal de la crise postale, malgré la « bonne volonté générale du personnel de l'Administration et du « Parlement ne tient-il pas à ce que le régime adopté, les procé- « dés utilisés ne sont plus en harmonie avec les nécessités « contemporaines ?

« Les Postes, Télégraphes et Téléphones constituent un ser- « vice qui manquerait à son objet s'il poursuivait son enrichis- « sement particulier aux dépens de l'intérêt général. Mais ce « service doit avoir recours à des procédés d'exploitation. Il « appartient à la grande, à la très grande industrie; il est arrivé « à un degré de développement où il ne peut plus se contenter, « pour triompher des difficultés qu'il rencontre, d'avoir des fac- « teurs plus nombreux et des bureaux plus larges. *Il ne peut « plus grandir sans se transformer*. L'intensité de la crise qu'il « vient de traverser en est une preuve. La crise est profonde.

« Nous voulons croire qu'elle aura été une crise salutaire de « croissance et d'indispensable renouvellement. »

Et pourtant l'administration semble toujours satisfaite de constater chaque année, sur ses tableaux statistiques, une certaine progression dans l'importance de l'exploitation postale, télégraphique et téléphonique. Avec la même satisfaction souriante, elle a montré aux rapporteurs soucieux de l'intérêt budgétaire que le coefficient $\frac{\text{effectif}}{\text{trafic}}$ n'augmentait pas, mais diminuait plutôt un peu.

Cette louable préoccupation trahit déjà une velléité d'étude du rendement.

Au lieu de ces embryons, c'est toute une science capable d'occuper tout un état-major de direction qu'il eût fallu mettre en application.

On reconnaît généralement qu'il serait préférable de réduire le nombre des fonctionnaires et de mieux payer ceux qui restent. Sans doute, l'observation est juste, elle est opportune, puisqu'après la guerre nous manquerons tellement de bras et de cerveaux que ce serait un crime que de ne point libérer, comme certains le demandent, 20.000 ou 30.000 agents dont on pourrait réellement se passer en perfectionnant l'outillage.

Ce n'est pas ma solution; je crois que nous avons besoin des 110.000 agents des P. T. T., ce sont des fonctionnaires dévoués, expérimentés, qu'il faut garder. Mais avec cette armée il nous faut 600, 700, 800 millions de recettes et plus chaque année, au lieu de 350 à 400. Voilà la victoire qu'il faut remporter, et il faudrait peu d'années pour l'obtenir si l'on voulait bien.

De quelle façon? Ce sont des fonctionnaires des P. T. T qui vont répondre à la question.

Ecoutez cet ingénieur en chef qui revient d'Amérique et qui, loyalement, honnêtement, en homme qui a su voir et comprendre, expose avec talent ce qu'il a vu:

« ... La poste, elle-même, est considérée, à juste titre, nous « semble-t-il, comme un service tout aussi technique que les au- « tres. L'élévation des salaires a amené l'introduction d'un nom- « bre considérable de machines de toute espèce pour compter, ad- « ditionner, rendre la monnaie, transporter les sacs, les paquets, « les lettres. La forme et la disposition de ces appareils varient à « l'infini suivant les besoins, ce sont des chaînes, des hélices, des « courroies mobiles, des pick-up, etc..., de toute nature. Les tubes « pneumatiques, qui sont de grosses dimensions, sont employés « pour la poste et non pour le télégraphe. Enfin, il y a en essai, à « Chicago, une trèscurieuse machine automatique à faire le tri. « Disons encore que, aussi bien à la poste que dans les grandes

« usines, les opérations de contrôle de la comptabilité et les relevés « statistiques sont faits à l'aide de machines, au moyen de grandes « salles de machines, où des opératrices traduisent en perforations « les données numériques des mandats; ce sont ensuite d'autres « machines spéciales, qui sont chargées d'interroger ces perfora- « tions, de contrôler les additions, d'assembler et de classer les « cartes, d'établir la balance des receveurs. Aucun spectacle n'est « plus instructif.

« Le matériel postal, fermetures de sacs et cadenas, les sacs et « leur dépoussiérage, les trucs électriques, wagons-poste, etc..., ont « été rapidement examinés; des échantillons ou des dessins ont été « gracieusement fournis par l'administration américaine. Signa- « lons que les wagons-poste sont entièrement en acier; il n'y a « point de bois; ils sont donc à l'épreuve du feu, et même, en cas « d'accident, les chocs y sont moins dangereux, les déformations « étant moins à redouter que des ruptures et les éclats. L'éclairage « est électrique, il est assuré par une dynamo calée sur l'essieu, as- « sociée à des accumulateurs. En ce qui concerne les prises de sacs « en marche, un fonctionnaire américain, qui pendant quinze ans « avait roulé sur les ambulants, disait qu'au cours de sa carrière « il n'avait jamais manqué un sac, avec le crochet mobile qui sert « à les prendre au vol en cours de route (1). »

Voilà pour la poste, voici pour le téléphone :

« Dans tous les hôtels américains il y a un poste téléphonique « dans chaque chambre et un tableau téléphonique desservi par « une ou plusieurs opératrices constamment en service. Toutes les « maisons de commerce, les magasins, les bureaux de tous genres « ont leurs institutions téléphoniques souvent très ramifiées à l'in- « térieur et raccordées au réseau extérieur par plusieurs lignes.

« Dans les bureux américains, où plusieurs dizaines d'employés « sont groupés autour de leur directeur dans une vaste salle de « travail, comme les élèves d'une école autour de leur maître, il y « a généralement un poste téléphonique sur chaque table. Et ces « postes ne se troublent pas les uns les autres, car ils ont une puis- « sance transmettrice remarquable, et l'on peut avec eux, en par- « lant très bas dans le cornet du microphone, se faire entendre, « même au bout de très longs circuits. Dans presque tous les en- « droits publics (stations de métro, gares de chemins de fer, halls « de grands magasins ou de buildings, water-closets et lavabos « publics, etc.), des postes téléphoniques à prépaiement permet- « tent aux passants de téléphoner où ils veulent. Ces postes sont « quelquefois à l'intérieur de cabines ou simplement posés au

(1) Annales des Postes, Télégraphes et Téléphones. Septembre 1917 (M. Pomey, ingénieur en chef.)

« mur, groupés ou isolés. Quand ils sont groupés en assez grand « nombre (ce que l'on rencontre fréquemment dans les halls des « buildings du New-York commerçant ou dans les halls des « grands hôtels où les passants sont nombreux), il y a ordinaire- « ment une employée à la disposition du public pour donner tous « les renseignements désirés : numéros d'appel des abonnés de- « mandés, taxes téléphoniques, etc., mais cette employée se borne « à renseigner ceux qui veulent téléphoner; elle ne prépare aucune « communication et ne perçoit aucune taxe.

« Le poste téléphonique à prépaiement comporte trois fentes, « analogues à celles des distributeurs automatiques, avec les indi- « cations 5 cents, 10 cents, 25 cents et une ouverture par laquelle « des pièces peuvent sortir de l'appareil. Les pièces, glissées dans « les fentes, heurtent des timbres différents (il y a trois timbres « donnant des sons différents) et ces bruits, en impressionnant le « microphone du poste, sont perçus par la téléphoniste du bureau « central qui dessert tous les postes à prépaiement raccordés à ce « bureau. Cette téléphoniste dispose sur son keyboard d'une clé « spéciale qui lui permet soit de faire tomber les pièces dans une « bourse située à l'intérieur de l'appareil, et la communication « s'échange normalement, soit de restituer les pièces à l'abonné « en les faisant sortir de l'appareil par l'ouverture spéciale, si la « communication n'a pu s'échanger ou si le poste demandé était « un poste officiel appelé pour les besoins du service.

« Tous ces postes téléphoniques ne servent pas seulement aux « communications locales, urbaines ou suburbaines, mais le plus « large emploi du téléphone est fait aux Etats-Unis pour les com- « munications interurbaines. Le régime de ces communications « interurbaines où le delay system est d'ailleurs extrêmement pra- « tique pour l'abonné. En effet, *en aucun cas, le délai d'attente « pour une communication interurbaine ne peut excéder dix mi- « nutes.* Les circuits téléphoniques et les employés qui les desser- « vent sont assez nombreux et restent assez nombreux pour que « ce résultat soit toujours atteint. Aussi lorsqu'un poste télépho- « nique demande une communication interurbaine, il est raccordé « au central interurbain et reste raccordé à ce central jusqu'à ce « qu'il ait obtenu le correspondant qu'il désire.

« Le central interurbain peut retenir ainsi l'abonné demandeur « car il est sûr de ne pas le retenir plus de dix minutes sans lui « donner satisfaction. D'autre part, en effet, les circuits sont en « nombre suffisant pour cela, les câbles téléphoniques pupinisés « souterrains et aériens, déjà très développés aux Etats-Unis et en « développement continuel, permettent d'établir entre deux centres « quelconques des liaisons téléphoniqus nombruses et en bon état « électriques par tous les temps. Mais, d'autre part, le service télé-

« phonique est remarquablement assuré et les opératrices ont un « grand rendement. D'abord toutes les employées sont jeunes et « actives : on est frappé, quand on visite l'interurbain de New- « York (au Lispenard building) de voir l'extrême jeunesse de tou- « tes les demoiselles téléphonistes (elles semblent toutes avoir de « 17 à 25 ans); d'autre part, elles sont étroitement surveillées : en « dehors des surveillantes de la salle du meuble interurbain, il y « a une demi-douzaine de chronométreuses, assises à une table de « surveillance spéciale, dans un local complètement séparé de la « salle du multiple interurbain, qui se portent en écoute sur les « différentes communications en cours et qui rédigent des fiches « donnant toutes les indications de durée possibles. Des jacks « d'écoute et des lampes d'appel et de supervision répétées à ces « tables de surveillance permettent à ces chronométreuses d'appré- « cier l'intervalle de temps séparant deux phases quelconques « d'une communication : appel de l'abonné, réponse de la télépho- « niste interurbaine, appel du ou des bureaux intermédiaires ou « du bureau demandé, réponse de ces bureaux, appel de l'abonné « demandé, réponse de cet abonné ainsi que toutes les phases de « la fin de conversation. Les fiches rédigées à la salle de surveil- « lance portent toutes ces indications en quittant cette salle. Ces « fiches servent à établir les primes au rendement qui s'ajoutent « au salaire des employés et sont également précieuses pour toutes « les statistiques de trafic faites par les bureaux d'études.

« Dans le personnel téléphonique des Etats-Unis, la jeunesse « des chefs frappe autant que la jeunesse des employés. Les ins- « pecteurs ou chefs de section du central interurbain qui nous fai- « saient visiter ce bureau semblaient avoir de 25 à 30 ans; surtout « les ingénieurs de l'American Telephone Cy et de la Western « Electric Co ont l'air de jeunes gens, bien qu'ils occupent des « postes élevés. Certes, les postes de direction supérieurs appar- « tiennent, comme il convient, à des hommes d'âge mûr, qui seuls « ont une expérience de la vie suffisante pour trancher d'une façon « satisfaisante les questions de personnes, les questions financiè- « res, les points de droit administratif et commercial. Mais au-des- « sous d'eux une pléiade de jeunes gens actifs assurent d'impor- « tants commandements et assument, sous la présidence de leurs « chefs, de grandes responsabilités. (1) (2) »

(1) Annales des P. T. T. sept. 1917. M. Valensi, ingénieur.

(2) Dans la note de M. l'ingénieur en chef Pomey, dans ce même numéro des Annales, se trouve un compte rendu succinct des méthodes de travail américaines et, notamment, de l'application du système Taylor. Il convient de rappeler ici que la plupart de nos grandes et moyennes industries françaises sont dirigées selon ces mêmes principes qui ont été adaptés aux usines de notre pays et même perfectionnés par les ingénieurs français. Nos administrations d'Etat se trouvent actuellement très en retard sur nos industries en ce qui concerne les procédés de travail, l'emploi de la main-d'œuvre, l'établissement de la comptabilité et les contrôles.

Il serait cruel de rapprocher maintenant de ces récits qui sont signés, je le répète, de fonctionnaires de l'Administration française, les renseignements que nous possédons sur le fonctionnement de nos P. T. T. Notre dossier contient les doléances de tout un public et de ses représentants les mieux qualifiés : Chambres de Commerce, Grandes Administrations et Industries, la Presse, les Syndicats, des Associations, des particuliers, qui, pour la plupart, ont bien voulu renouveler des expériences pratiques et noter les temps, les délais, les erreurs, des transmissions postales, télégraphiques et téléphoniques.

Les retards incombant aux services de censure ont été contrôlés et la censure elle-même s'est envoyée des télégrammes. Toutes les précautions ont été prises pour éviter les erreurs, les exagérations et aussi les excuses injustifiées et force est d'avouer que ni la poste, ni le télégraphe, ni le téléphone, ne fonctionnent convenablement dans ce pays. Nous sommes, à ce point de vue, moins *civilisés,* nous Français, que la plupart des autres pays civilisés du monde.

Notre dossier prouve que des télégrammes Paris-Bordeaux ont mis 17 heures, 20 heures, 24 heures; ce dernier temps est, il est vrai, un record, il fut accompli le 9 octobre par un télégramme adressé à la Compagnie Bordelaise des Produits chimiques, 106, cours Victor-Hugo à Bordeaux télégramme déposé à Paris, à 15 h. 35 et remis au destinataire le lendemain également à 15 h. 35. Malheureusement, les délais de 15 heures, 20 heures et plus sont des plus fréquents pour des parcours équivalents. Le 9 octobre, un télégramme Paris-Bordeaux a mis également 24 heures. Le même délai a été noté à plusieurs reprises dans les enquêtes concernant les télégrammes Lyon-Paris.

De *Paris à Marseille,* un télégramme banal de remerciements, c'est-à-dire ne donnant lieu à aucune censure sérieuse, mis à Marseille à 9 heures du matin, est distribué le lendemain à 14 heures à Paris (1917).

Sans insister davantage sur les défectuosités trop connues du service téléphonique, je crois cependant devoir indiquer quelques chiffres : le 10 octobre, une communication entre Bordeaux et Rouen a été demandée à 9 h. 20 et obtenue à 11 h. 40, par contre, le même jour, la même communication demandée à 14 h. 12 a été obtenue à 14 h. 31 après 19 minutes d'attente. Le 11, une communication Bordeaux-Agen, demandée à 15 h. 35, n'a jamais pu être obtenue. A Paris, la moyenne des attentes pour 100 communications urbaines a dépassé 3 minutes 1/2.

Du Central téléphonique de la Réserve Générale de l'Aéronautique du Bourget à d'autres administrations situées dans Paris, il a fallu attendre 5 fois sur 10 plus de 35 minutes.

Du Central de l'Aviation du Bourget au Central de l'Aviation de

Chalais-Meudon, la communication a été attendue 2 fois sur 10 pendant plus d'une heure.

En outre, les dérangement fréquents résultant des erreurs de numéros n'incitent pas le public à faire bon accueil au téléphone dans les appartements privés. Il est certain aussi, que l'administration ne fait rien pour aider à le répandre.

Quand on a tenté de donner un coup de téléphone, entre Paris et Marseille, on doit convenir que la téléphonie à 800 kilomètres de distance est quasi inconnue en France.

En Amérique, on téléphone de New-York à San Francisco à plus de 6.000 kilomètres de distance, grâce aux amplificateurs à lampes.

Or, c'est en France que se fabriquent les meilleurs amplificateurs, c'est en France que l'Armée américaine achète la plupart de ceux qu'elle emploie. L'industrie française n'hésitera pas à collaborer activement avec l'administration française lorsque celle-ci envisagera franchement l'adaptation de ces précieux appareils à son réseau.

Recettes directes

Chez nous, on cite toujours des chiffres en les rapportant aux chiffres obtenus *en France,* et l'on conclut qu'il y a lieu de se féliciter du progrès accompli.

Ce qu'il faut, c'est la comparaison avec les chiffres obtenus ailleurs, dans les pays d'en face. Et nous verrons alors que, dans bien des cas, nous progressons en effet, mais à la vitesse de l'escargot, tandis que nos voisins courent comme des lévriers.

Voici un simple tableau sur le développement du téléphone, il est précis et formel, je l'ai trouvé à bonne source, assez facilement, il contient des chiffres qui condamnent le passé de notre administration, qui donnent aussi la certitude que les recettes téléphoniques peuvent être plus que décuplées et qu'il faut voir grand, toujours plus grand, en matière de téléphonie.

		Téléphones par 1.000 habitants
Etats-Unis (1911)	7.596.000	76
Etats-Unis (1917)	11.300.000	110
Allemagne (1914)	1.421.000	20
Grande-Bretagne	812.000	19
Canada (juin 1915)	533.090	76
Russie (janvier 1916)	400.000	3
France (1914)	310.000	8
Suède (janvier 1916)	271.797	50
Danemark (janvier 1916)	150.000	58
Norvège (janvier 1915	94.000	42
Suisse (janvier 1917)	104.000	28

Recettes téléphoniques aux Etats-Unis :

En 1907 : 925 millions.

En 1915 : 1 milliard 1/2 (nous comptons le dollar à 5 francs).

Recettes téléphoniques par tête d'habitant et par an aux Etats-Unis, en 1915 : **15 francs.**

Recettes téléphoniques par tête d'habitant et par an en France, en 1913 : 1 franc 33 centimes.

Il faut remonter à l'année 1898, dans les annales téléphoniques, aux Etats-Unis pour retrouver un développement téléphonique comparable au développement actuel du téléphone en France. Nous sommes de 20 ans en retard par rapport aux Américains.

Recette téléphonique qu'on obtiendrait en France si le téléphone y était aussi développé qu'aux Etats-Unis :

580 millions (au lieu de 50 millions).

Si cet écart énorme n'était comblé qu'à moitié, les recettes seraient :

300 millions (au lieu de 50 millions).

Le téléphone a rapporté à la Bell telephone and telegraph C°. en 1916, un revenu net de 378 millions (après tous amortissements et impôts, et le dollar restant compté à 5 francs).

En outre, la Compagnie a payé comme impôts à la nation 75 millions.

Elle a payé 90 millions d'intérêt à ses actionnaires et obligataires, et distribué en outre 175 millions de dividende.

La hauteur de ces barres est proportionnelle, pour chaque pays, au nombre de téléphones par 1000 habitants qui est indiqué par les chiffres.

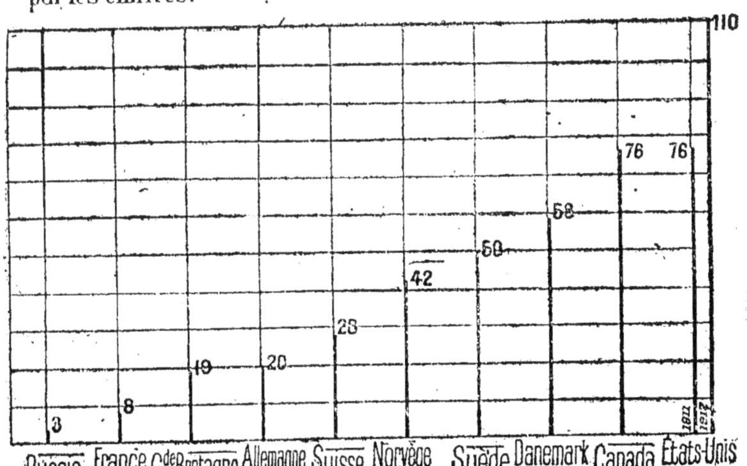

Croyez-vous maintenant qu'il soit difficile d'accroître les recettes du téléphone en France ?

Quand l'adaptation des procédés techniques, commerciaux et administratifs américains serait réalisée, quand cette œuvre serait complétée, perfectionnée par tout ce qu'on peut attendre du personnel administratif et technique français, nous assisterions à un développement formidable de cette industrie qui dépasse aux Etats-Unis, par son chiffre d'affaires, ses recettes, et ses bénéfices, les plus colossales industries du monde.

La téléphonie seule tient le 4e rang et n'y est dépassée en importance que par les industries du fer et de l'acier, du bois, du chauffage et de l'éclairage (rapport de M. Valensi).

Le manque à gagner du budget français des P. T. T. est de plusieurs centaines de millions par an. Plus forte encore est la perte de notre commerce, de notre industrie, de toute la France qui travaille parce qu'elle ne dispose point de l'outillage administratif et technique propre à transmettre rapidement la pensée.

Détermination des profits indirects du téléphone

Le téléphone peut et doit donc fournir des recettes considérables au budget français, mais cela est peu en comparaison des bénéfices que son exploitation intelligente apportera au pays tout entier.

Un coup de téléphone, qui remplace une conversation directe, qui évite un transport, économise **le prix de ce transport** et le **temps pour l'effectuer.**

Cette remarque permet d'évaluer approximativement le profit indirect en fonction de la recette.

Des tableaux statistiques de l'Administration, il ressort que pour 100 millions de conversations urbaines, on reçoit environ 10 millions de francs d'abonnements. D'autre part, la distance moyenne des conversations urbaines est d'environ 1.000 mètres.

La recette du kilomètes-conversation urbaine est donc 0 fr. 10, le même calcul donne pour les conversations interurbaines, comme recette du « kilomètre-conversation » 0 fr. 05.

Si l'on admet que le prix d'un transport en ville est 0 fr. 10, le kilomètre et le prix d'un transport interurbain 0 fr. 05, ce qui est peu, on peut dire que le téléphone économise des transports coûtant deux fois le prix du téléphone, puisque le transport d'un interlocuteur devrait être payé à l'aller et au retour.

Si nous admettons qu'une fois sur deux seulement le déplacement eut été évité ou effectué à l'occasion d'un autre objet que celui de la conversation téléphonique, nous attribuerons au téléphone un profit indirect égal à sa recette directe, en ce qui concerne le transport évité.

Calculons maintenant l'économie réalisée sur le temps.

Le temps mis pour un déplacement d'un kilomètre dans une ville est en moyenne de 1/10 d'heure ; le prix moyen de l'heure de travail des personnes employant le téléphone ne doit guère être estimé à moins de 2 francs ; car nous devons considérer non seulement le salaire direct, mais aussi le profit général causé par le travail du salarié.

Ceci nous conduit à admettre encore que le téléphone a économisé au moins 0 fr. 20 de temps. Si nous admettons aussi que le téléphone n'évite le déplacement qu'une fois sur deux, nous voyons que l'économie de temps correspond à 0 fr. 10 par conversation. Le même raisonnement appliqué aux conversations interurbaines est encore plus favorable au téléphone.

En définitive, malgré les incertitudes de l'évaluation, on est conduit à conclure que le profit indirect du téléphone est au moins de l'ordre de deux fois la recette.

Considéré comme outil de production, le téléphone qui apporte à la nation 50 millions de recettes annuelles, contribue donc au total pour 150 millions à la production nationale annuelle.

Si le développement téléphonique par tête d'habitant était le même en France qu'aux Etats-Unis, il fournirait donc 580 millions de recettes directes annuelles, mais au total, il contribuerait au revenu national annuel pour :

1 milliard 740 millions

La France perd donc plus d'un milliard et demi chaque année, parce qu'elle n'a pas un bon téléphone.

Priver le budget de ressources pouvant atteindre plusieurs centaines de millions par an est un crime contre la patrie.

Priver l'industrie, le commerce, la presse, le public, des moyens modernes de transmettre la pensée c'est refuser la civilisation, c'est faire rétrograder la France, par rapport aux autres nations, c'est lui faire perdre chaque année plus d'un milliard en sus du demi-milliard de recettes directes.

Priver le personnel des P. T. T. des améliorations de salaires auxquelles il a droit, ce serait se rendre responsable des conflits douloureux qui éclateraient demain, alors que la paix sociale ne sera jamais plus nécessaire, c'est condamner à la misère de braves gens qui font leur devoir envers le pays.

La responsabilité que l'on prend en ne faisant rien ou presque rien est la pire des responsabilités : l'indulgence devrait être pour ceux qui se trompent en agissant, la sévérité pour ceux qui n'agissent pas.

PROGRAMME PRATIQUE

Avant tout l'organisation

Substituer au système des irresponsabilités (commissions) et des pertes de temps (commissions) celui de chefs **responsables et intéressés,** afin d'arriver réellement à une exploitation industrielle.

Il ne faut pas que les fonctionnaires des P. T. T. aient la préoccupation de « plaire » à ceux des membres du Parlement qui comptent par trop sur les voix des facteurs et des agents des postes. Le plus habile ici n'est pas souvent le plus apte à conduire cette grande industrie nationale; nous avons trop connu, jadis, ce type d'aimable fonctionnaire au sourire figé, la main tendue, l'échine courbée, jugé compétent par les profanes, incapable par les initiés.

Le jour où seuls les résultats seront pris en considération, ce type de fonctionnaire sera plus rare, mais le talent s'alliera tout de même à la courtoisie. Moins de diplomatie mauvaise et sournoise, plus de technique, de sincérité, de clarté, de fermeté. Telle est la formule moderne qu'il convient de faire prévaloir.

Il n'est pas question d'affaiblir le contrôle indispensable du Parlement; nous demandons même que le Parlement collabore à la gestion des P. T. T. par le moyen de ses représentants au Conseil d'administration. Mais le contrôle est une chose, la direction une autre. Collaboration à la direction, intégralité du contrôle, tel doit être le rôle du Parlement.

Les rapporteurs des budgets des P. T. T. auraient, à notre sens, une mission analogue à celle des commissaires aux comptes dans une société anonyme.

Le Conseil d'administration est, au contraire, l'organe responsable de la gestion, qui doit lui-même choisir ses délégués et ses directeurs.

Après l'organisation, l'outillage

Pour obtenir un bon rendement, il faut un bon outillage ; nous avons vu que, principalement pour la poste et le téléphone, nous sommes dans une situation lamentable.

Sans doute, on va nous objecter que des capitaux énormes sont nécessaires pour nous outiller convenablement. Si l'on s'en tient à une évaluation approximative, établie par comparaison avec les dépenses engagées depuis une dizaine d'années dans les installations américaines, dont le rendement est le meillur, on peut dire que : 200 millions pour la poste, 500 millions pour le téléphone sont des minima; si on ne les atteint pas en quelques années, il n'est que trop certain que les programmes insuffisants, les demi-mesures, le système des petits paquets, feront échouer l'effort révolutionnaire qu'il importe cependant d'accomplir aux P. T. T.

Le budget industriel

Les P. T. T. sont dans la situation d'une industrie qui, ayant à réaliser des affaires croissantes et des plus considérables, ne peut augmenter son capital ni se constituer des réserves en vue de les utiliser à son propre développement. C'est une exploitation industrielle dont on ne peut même point évaluer les bénéfices; il n'y a ni inventaire, ni situation d'aucune sorte, ni même une comptabilité établie selon les principes industriels.

La différence qui ressort chaque année des comptes de l'Administration et qui va grossir les ressources du budget général de l'Etat, ne peut être considérée comme un bénéfice, ni même un profit réel.

M. Charles Dumont qui joint à la connaissance approfondie des P. T. T. la compétence d'un maître en matière de comptabilité publique, a développé cette remarque d'une manière très complète dans son rapport sur le budget des P. T. T. de 1911.

Qu'il nous suffise entre autres raisons, d'indiquer que l'absence d'amortissement et de réserves pour réfection des installations, empêche déjà d'attribuer le sens d'un bénéfice à l'excédent immédiat, s'il n'est qu'un profit apparent, réalisé aux dépens de l'entretien, et si les réseaux, les immeubles, le matériel, qui constituent le domaine de l'Administration, donc de l'Etat, se détériorent, et si ce domaine s'appauvrit ?

Ceci conduit à demander un budget autonome, mais, nous nous heurtons à un dogme qui prévaut contre tout, le dogme de l'unité budgétaire. Les partisans ne sont pas prêts de céder, pas plus que s'il s'agissait de supprimer réellement une ressource du budget général. On préfère l'apparence d'un profit de 10 millions à une réalité de 400 millions.

Peu importe le mot et la forme, il est possible de satisfaire et les théoriciens et les réalistes et d'arriver non pas au budget autonome, qui porte un nom proscrit, mais à un budget industriel, à une comptabilité industrielle, à des situations mensuelles, à un bilan annuel.

Quand l'Administration des P. T. T. connaîtra les prix de revient de ses exploitations, quand elle pourra établir avec précision des parallèles entre les résultats et les capitaux engagés, il ne s'ensuivra pas que le profit annuel dont bénéficiera le budget général sera moindre. Je suis sûr, au contraire, qu'il augmentera dans des proportions insoupçonnées, mais il est évident que pour développer les profits il faut accroître le capital.

Comment oser demander 7 à 800 millions au Parlement alors que les budgets seront si chargés ? Alors pourquoi ne pas d'adresser au public, et créer l'obligation postale ? Aussi bien que les émissions de l'Ouest-Etat, ou le Crédit Foncier, 7 à 800 millions,

1 milliard même, d'obligations postales seraient absorbées en quelques jours par l'épargne française, trop intelligente pour ne pas voir une bonne opération, favorable aux intérêts de la Patrie. Dès avant 1914, cela eut mieux valu à tous égards qu'un emprunt turc.

Un milliard consacré à notre outillage national des P. T. T. permettra de résoudre toutes les crises : crise de croissance, crise morale, crise du personnel.

Ce milliard restera sur le sol du pays, il donnera des salaires à plus de cent mille ouvriers qui fabriquent aujourd'hui des munitions et à qui l'on doit assurer le travail de demain.

Ce milliard permettra d'accroître annuellement les recettes du budget français de plusieurs centaines de millions au bout de quelques années et alors il procurera un milliard de profits indirects à la nation.

La T. S. F.

La T. S. F. est à peu près inexistante en France, en tant que moyen de communication à la disposition du public. L'Administration disposait, en 1914, en France et Algérie, de sept stations de faible puissance sur lesquelles cinq sont du type à bobine d'induction, abandonné partout aujourd'hui. Depuis la guerre, ces stations sont passées au service de la Marine.

Comme l'exploitation de la T. S. F. est réservée pendant la guerre aux besoins militaires, l'Administration des P. T. T. ne peut que préparer les projets d'avenir et nous savons qu'elle le fait.

Sans entrer dans des considérations techniques qui sortiraient du cadre du présent rapport, nous pouvons déclarer que depuis 1914 la T. S. F. vient d'accomplir des progrès immenses aussi bien pour les communications à grande distance que pour celles à moyenne et courte distance. On sait que depuis le mois d'août 1914, les Allemands disposaient uniquement de la T. S. F. pour communiquer avec les Etats-Unis et qu'ils ont pu échanger ainsi plus de 10.000 mots par jour. Mais aujourd'hui les procédés allemands utilisés alors sont dépassés par les Alliés. Une station militaire française réalise actuellement une meilleure communication. Pour les services maritimes, une station navale française et une station de la Marine américaine donnent également des résultats que n'atteignirent jamais les stations ennemies.

Grâce à l'utilisation des ondes entretenues, on pourra désormais employer de nombreuses stations de T. S. F. sans craindre des interférences ; il est déjà possible d'envoyer plusieurs émissions simultanément par une antenne et de recevoir des messages dans la propre station qui en émet au même instant. C'est le multiplex réalisé en radiotélégraphie.

Les troubles appelés « parasites » provenant des courants et décharges atmosphériques sont encore très gênants en certaines régions pendant les heures défavorables (surtout vers le coucher du soleil) et rendent même impossibles les communications plusieurs heures par jour durant la saison chaude; mais on réussit à vaincre les parasites pendant la majorité des heures les plus mauvaises saisons. Bientôt, la victoire sur les parasites sera définitive.

Le service à grande vitesse (60 à 100 mots à la minute) peut être employé, presque chaque jour, et pratiquement pour des distances dépassant 7.000 kilomètres.

Cet aperçu prouve qu'un parti immense doit être tiré de la T. S. F. pour les communications à longue distance. Déjà, nos colonies apprécient très favorablement les services rendus par la T. S. F. devenue dans certaines régions, le seul moyen possible de communication régulière et rapide.

Le rôle de l'Administration des P. T. T. sera particulièrement délicat pour arriver à une exploitation vraiment commerciale de la T. S. F.

Une station de T. S. F. est apte à converser dans toutes les directions; c'est un organe vocal dont un pays peut faire le même usage qu'un particulier de sa voix; à chaque mot utile correspond un profit : dix sous, vingt sous, et plus, selon la distance. Plus il y a d'interlocuteurs, et plus la recette monte. Il faut rechercher ceux-ci et conclure avec eux des arrangements avantageux.

Cette besogne éminemment commerciale ne semble guère convenir à notre administration, la clientèle du télégraphe et du téléphone n'en a que trop fait l'expérience; d'ailleurs, la recherche de cette clientèle n'a jamais été l'objet des soucis des fonctionnaires et cela se comprend aisément.

Cependant, les abonnés du téléphone sont à portée facile et la concurrence est nulle, grâce au monopole; avec la T. S. F. la clientèle s'emporte à l'assaut dans la bataille commerciale internationale.

Voici un exemple :

Supposons que l'Administration Française des P. T. T. ait établi une grande station, capable de communiquer avec les Etats-Unis. Pour l'employer, il lui faudra bâtir une station correspondante sur le territoire américain, ou contracter avec l'un des propriétaires des stations américaines (qui sont des compagnies privées). Cela ne suffirait pas encore : les lignes et bureaux télégraphiques et téléphoniques américaines appartiennent également à d'autres compagnies privées ; pour obtenir du trafic destiné à la communication par T. S. F. franco-américaine, il faudra aussi conclure des arrangements avec ces compagnies.

Nous ne croyons pas qu'une administration d'Etat soit qualifiée pour mener à bien ces tractations essentiellement commerciales.

Dans la recherche des clients de la T. S. F., tels que les armateurs, les commerçants, les comptoirs lointains, etc..., la même observation vient à l'esprit.

S'il s'agit de négociations avec des gouvernements en Asie ou en Sud-Amérique, la question devient encore plus délicate, puisque notre administration d'Etat ne pourrait enlever à ses pourparlers un caractère politique qui nuirait le plus souvent à la conclusion de contrats commerciaux; qu'une compagnie privée obtiendrait plus aisément.

L'Allemagne se garde bien d'intervenir en personne dans ces sortes d'arrangements : l'Etat guide, favorise, par ses agents diplomatiques et consulaires, mais le porte-paroles est le commis-voyageur, l'homme d'affaires, le négociateur, agissant pour le compte d'une compagnie privée.

Nous croyons vraiment que l'intérêt de la nation est d'agir ainsi, indirectement, par des compagnies privées, sur lesquelles il pourrait se réserver des moyens d'action en même temps que sa part légitime de profit.

CONCLUSION

PENDANT LA GUERRE

Il ne s'agit nullement, dans notre pensée, d'une organisation d'avenir et à plus ou moins longue échéance, selon le retard de la paix, mais, tout au contraire, d'un projet de *réalisation immédiate.*

Nous sommes persuadés que la léthargie actuelle du téléphone est une faute que chaque jour qui passe aggrave.

Pour réserver le plus d'acier possible aux canons, on a laissé dormir les chantiers navals pendant trop longtemps. Ce fut une erreur lourde; une tonne d'acier employée à construire un cargo aurait rapporté en France, un an après avoir formé les flancs du navires, dix tonnes d'acier. Un canon de moins aujourd'hui, dix de plus dans un an, telle devait être la formule. *Des navires, encore des navires, toujours des navires,* dit M. Lloyd George.

Je reprends cette formule pour le téléphone.

On a développé l'emploi de la force motrice, les usines se sont multipliées, l'activité nationale est prodigieuse, les sources d'énergie et les moyens de transport ne suffisent plus, la crise de main-d'œuvre est fatalement issue de cette situation : plus assez de charbon, plus assez d'essence, plus assez d'hommes.

Or, qu'est-ce que le téléphone ?

Un moyen d'éviter des transports (charbon, essence, cuir des chaussures) et d'économiser le temps (c'est-à-dire de la main-d'œuvre, des hommes).

Or, le développement du téléphone est *interdit.* Est-ce par raison de sécurité nationale ? Cette entrave ne pourrait, en tout cas, s'appliquer qu'à des communications à longue distance et limitée à la zone des armées et aux départements frontières. Tandis que nous connaissons des refus signifiés pour des lignes destinées à relier au réseau de Paris des usines de banlieue, travaillant à la Défense nationale, ce qui exclut toute raison de sécurité.

Ce n'est pas à cause du manque de main-d'œuvre; les téléphones sont fabriqués et exploités par des femmes, il n'y a pas trop de travail pour les femmes, il n'y en a pas assez. Quand nous demandons 10 bobineuses, il s'en présente 100; il s'agit d'un travail qui commence, même en hiver, à 6 h. 30 du matin, dans une ville où les moyens de transport sont des plus défectueux, le salaire varie de 6 fr. 50 à 9 francs, selon le travail, qui est plus souvent pénible qu'on pourrait le croire. Ce fait dénote que les femmes de France manquent plus de travail que de courage, même pendant la guerre.

Est-ce pour économiser le cuivre ?

C'est donc le même raisonnement superficiel qui fit négliger la construction des navires. Une tonne de cuivre pour le téléphone est d'un *rendement immense* au seul point de vue de la Défense nationale. Or, on refusait du cuivre pour le téléphone, indispensable à la vitalité du pays, pendant qu'on tolérait le pavage des chemins avec des douilles d'obus.

Il est regrettable que le rendement de la matière dans chacun de ses emplois n'ait pas été déterminé par un srvice supérieur, chargé de la répartition des matières disponibles. Ce qui apparaîtrait alors clairement, c'est une concordance, plus fréquente qu'on pourrait le croire *a priori*, entre *les besoins de la Défense nationale* et ceux de *l'économie permanente* de la nation.

Que de fautes ont été commises au nom de nécessités militaires immédiates, en l'absence de programme, de principes, d'études approfondies et de souci du lendemain, pas même du lendemain de paix, mais du lendemain pénible qui précédera l'heure de la victoire.

APRES LA GUERRE

Quand celle-ci aura sonné, il sera trop tard pour préparer la solution des crises qui naîtront du nouvel état des choses. Il faut y songer dès maintenant si nous voulons éviter des heures plus sombres que celles que nous vivons.

Nous faisons abstraction de ce que l'ennemi devra restituer.

Toutes les espérances sont permises et nous les partageons, mais notre rôle est de regarder aussi d'un autre côté.

Le budget français d'après-guerre dépassera 12 milliards, peut-être 15. C'est un chiffre voisin de la moitié du montant de la production française annuelle avant 1914. Un pays qui doit la moitié de sa production est perdu. Il faut donc, pour que la France vive, que la production soit augmentée, doublée, triplée et davantage encore.

Ne comptons point pour cela sur l'accroissement de population; la repopulation est un bon moyen, mais il est lent et nous nous refuserons à nous laisser coloniser par qui que ce soit. Reste l'accroissement du rendement. Au lieu de produire 1.000 francs par tête, il faut arriver à 2.000, 3.000 et plus. Or, toutes les espérances sont fondées, sur ce terrain. La multiplication de la force motrice est déjà un signe, la dépréciation de l'argent en est un autre. Ce dernier phénomène économique, qui correspond à un véritable changement d'unité, est, il est vrai, peu favorable aux rentiers d'avant-guerre, mais c'est un fait qu'il convient de constater, non d'apprécier.

Dans le but d'accroître le rendement, c'est-à-dire de réaliser plus de production avec la même population, *il faut exalter tous les procédés d'organisation et d'outillage qui permettent d'économiser le temps.*

L'industrie n'y a pas manqué.

Qu'elle entraîne maintenant l'administration.

La poste, le télégraphe, le téléphone, la T. S. F. sont des moyens *d'économiser le temps,* il faut les développer à outrance, les perfectionner, les faire *rendre* au maximum, comme pour une vaste industrie ayant devant elle une clientèle immense et dont les besoins ne cessent de croître. Il faut employer les mêmes moyens d'accroître le *rendement* que dans l'industrie moderne.

Les concours financiers et techniques indispensables ne seront point ménagés à l'administration par le public français, ni la confiance, ni la sympathie.

C'est dans cet esprit que nous proposons le vote de la motion suivante et que nous avons ébauché, à titre de suggestion, le présent projet de loi pour la réorganisation des postes, télégraphes et téléphones.

Projet de motion à envoyer à tous les membres du Gouvernement et du Parlement :

Le Congrès général du Génie civil attire l'attention de MM. les Membres du Gouvernement et du Parlement sur l'insuffisance de la Poste, du Télégraphe et du Téléphone. Il signale particulièrement que la France se trouve au dernier rang des grandes nations civilisées, au point de vue du développement du téléphone, et qu'il en résulte une perte annuelle de plusieurs centaines de millions de recettes pour le budget et de bien plus encore pour la nation.

Le Congrès signale aux pouvoirs publics la nécessité de faire représenter l'industrie et le commerce français au sein de l'adminis-

tration des P. T. T. par des membres qui seront désignés par leurs Associations respectives.

SUGGESTIONS POUR UN PROJET DE LOI

Article premier

Il est institué un Conseil d'administration des communications postales, électriques et radio-électriques.

Article II

Le Conseil est composé :

De M. le Ministre compétent, président;
D'un vice-président, nommé par le Ministre;
De 12 membres, comprenant :

Le président de la Commission des P. T. T. au Sénat;
Le président de la Commission des P. T. T. à la Chambre;
Deux membres élus par le personnel de l'Administration;
(1 par les fonctionnaires et agents, 1 par les sous-agents et ouvriers.)
Trois membres désignés par le syndicat professionnel des industries électriques (télégraphie et téléphonie, câbles, T. S. F.);
Un membre désigné par la Société des Ingénieurs civils;
Un membre désigné par l'Association des Présidents de Chambres de commerce;
Un membre désigné par le Comité général des Associations de presse;
Deux membres élus par les obligataires, lorsque l'Administration aura émis des obligations.

Article III

Les membres sont élus pour 6 ans; à l'expiration de chaque période, le Conseil sera renouvelé en entier.

Les Administrateurs sortants sont rééligibles.

Le Conseil désigne un ou plusieurs secrétaires qui pourront être pris en dehors du Conseil.

Article IV

Le Conseil propose au Ministre, qui les nomme, les directeurs de l'administration centrale et les inspecteurs généraux; il confie à certains de ces membres ou à des personnes prises en dehors du Conseil, toutes missions, permanentes ou non, qu'il juge utiles, dans un objet d'étude, d'actes ou de contrôle, et détermine les pouvoirs desdites personnes.

Article V

Le Conseil d'administration se réunit sur convocation de son président ou vice-président ou de trois de ses membres et au moins deux fois par mois.

Article VI

Le Conseil d'administration est investi des pouvoirs suivants :

1° Il formule les règles selon lesquelles doivent être établis : les traités, les marchés de toute nature et entreprises à forfait ou autrement, les achats de terrains et immeubles nécessaires aux besoins de l'Administration et les reventes de ceux qui seraient par lui jugés inutiles, ainsi que tous baux, locations et cessions de baux, les achats, échanges ou ventes de tous biens meubles.

2° Il établit le projet des dépenses générales d'exploitation.

3° Il peut proposer de contracter des emprunts par voie d'émission d'obligations, pour lesquels le Ministre doit demander l'autorisation spéciale du Parlement.

4° Le Conseil décide la création ou la suppression de tous comités directeurs, techniques et consultatifs.

5° Il dresse les états de situation, les inventaires et les comptes qui doivent être soumis chaque année aux Commissions parlementaires, ainsi que le rapport sur sa gestion et sur la situation.

Article VII

Le Ministre fournira au Conseil d'administration, comme point de départ, les éléments nécessaires au compte de premier établissement.

Les comptes de situation et les bilans seront établis suivant les méthodes industrielles.

Article VIII

Chaque année une partie des accroissements de profits sera attribuée à des participations en faveur des cadres du personnel et en améliorations des salaires du personnel, une partie sera également attribuée aux membres du Conseil d'administration.

TABLE DES MATIÈRES

SECTION VI

www.ingramcontent.com/pod-product-compliance
Ingram Content Group UK Ltd.
Pitfield, Milton Keynes, MK11 3LW, UK
UKHW020200200726
13856UKWH00003B/1111

9 782013 411455